グローバル時代の食と農 1

持続可能な暮らしと農村開発

アプローチの展開と新たな挑戦

ICAS日本語シリーズ監修チーム 監修
イアン・スクーンズ 著
西川芳昭 監訳
西川小百合 訳

明石書店

「グローバル時代の食と農」シリーズの刊行にあたって

私たちの食生活は、世界中から集められた「美しい」食材で溢れている。しかし皮肉なことに、これらの食材は、だれがどのように生産したのかが分からないために、不安とよそよそしさを生み出してもいる。そこで改めて、食と農、さらにはその基になっている自然と地域社会を見直そうという機運がかつてなく高まっている。そのことは、この数年間で私立大学に農学部およびそれに類する学部が相次いで開設されたことによく示されている。また地方大学では、農業や地域産業を含む地域立脚・地域志向型学部（地域協働学部や地域創成学部など）への再編を行ったところも少なくない。

しかし、こと日本の農業について語るときには常に過疎化、高齢化、後継者不足という、ステレオタイプの理解がつきまとっている。この理解は、今のままでは日本農業に未来がないので、大胆な改革が必要であるという言い分につながる。この言い分は、コスト競争力を強化し、農産物をどんどん輸出して「儲かる農業」に変えていくことを求める。中小規模の「農家」が多数を占める、現在のような日本農業ではダメで、少数の大規模家族経営や法人経営のような効率的「農業経営体」を育成しなければならない。これからはICT（情報通信技術）やロボットを駆使する最先端の農業を行える「農業経営体」だけが世界規模の大競争に勝ち抜き、生き残っていける。このような情報技術を使うアグリカルチャー4.0の時代に対応できない中小規模の農家や高齢経営者には「退場」してもらうしかない。

こうした効率優先、利益第一、市場万能、競争礼賛の考え方は、まさに新自由主義的な経済思想にほかならない。この経済思想は、生命と自然を大事にする地域密着の農業から利益優先の農業・食料システムへの転換を図っている。しかし、本当にそれで私たちは幸せになれるのだろうか。翻って、日本から目を転じたときに、世界の農業もまた新自由主義的な方向性に覆いつくされているのだろうか。世界的な視野から日本の農業を見直すと、ステレオタイプの言説に囚われた理解を乗り越えて、新しい視野を獲得することができるのではないだろうか。

この問題を考えるうえで、「グローバル時代の食と農」シリーズ（原書版シリーズ名 Agrarian Change and Peasant Studies Series）はとても有益な示唆を与えてくれる。本シリーズは、効率性や市場万能主義が跋扈しているかに見える世界の農業とそれを取り巻く研究が、「だれ一人取り残さない」視野に立脚し、新自由主義とは大きく異なるパースペクティブを持っていることを教えてくれる。食と農は人間の生命と生活の根源に深くかかわっているし、農の営みが行われる農村空間は社会的にも景観的にも経済にとどまらない多彩な意味を持つからである。

確かに、新自由主義的なグローバリゼーションが深化していく中で、農業とそれを取り巻く社会関係は大きな変容を迫られてきた。しかし私たちは、その変容がもたらす意味についてきちんと考えてはこなかったように思う。また、この変容の中で農民がどのように生きているのか、農民たちが世界中の農民と連帯し、またNGOなどの市民社会組織、さらには国際機関と連携を強めていることに無関心であったように思う。本シリーズによって、私たちは日本からの視点だけでは見えにくい農の全体性をしっかり理解できるだろう。

このシリーズは、国際的な研究者ネットワークであるICAS（Initiatives in Critical Agrarian Studies）に集まった世界でもトップクラスの研究者による書き下ろしのAgrarian Change and Peasant Studies Seriesを翻訳したものである。本シリーズは、ICASのイニシアティブをとり、また農と食に関する国際的学術誌として名高いJPS（*Journal of Peasant Studies*）の編集長でもあるサトゥルニーノ（ジュン）・ボラス・ジュニア教授の発案によるところが大きい。

ここで、本シリーズを日本語訳として読者に提供できるようになった経緯を少し振り返っておきたい。ジュン・ボラスから監修チームの一員である舩田クラーセンさやかに、本シリーズの日本語版出版の打診があったのは2014年のことである。その後、同じく監修チームの池上甲一が舩田からの連絡を受け、2015年6月にタイのチェンマイで開かれたランドグラブの国際会議（Land Grabbing: Perspectives from East and Southeast Asia）でジュン・ボラスと会うことにした。池上は初めての出会いだったが、会場の片隅で話をするうちに飾らない人柄と熱情に魅かれ、また彼の考えにシンパシーを感じるようになった。本シリーズを日本で紹介することは意味があることは承知していたが、改めてその意義を確認し、なんとか彼の希望を実現したいと考えるようになった。とはいえ、日本の出版状況はたいへん厳しいので、道は遠いことを覚悟しなければならなかった。帰国後に、出版社と交渉する一方で、通称ランドグラブ科研（アグリフードレジーム再編下における海外農業投資と投資国責任に関する国際比較研究、研究代表者：久野秀二、2013年度～2015年度）のメンバーと相談し、この科研のまとめとして予定している国際シンポジウムに招聘して、より詰めた相談をすることにした。シンポジウム後に京都大学で、監修者チームのメンバーがジュン・ボラスと打ち合わせを行い、大まかな方針を確定した。その後、若干の時間が必要だったが、本シリーズを日本の読者に届けられるようになったのはうれしい限りである。

本シリーズはすでに多数の言語に翻訳され、それぞれの文化圏で高い評価を得ている。今回、明石書店から日本語版を刊行できることとなり、お礼を申し上げたい。おかげで、遅ればせながら日本でも世界最高水準の研究に接することができるようになった。

新しい方向性や羅針盤を探している農民や農業関係者はもとより、農や食に関心のある学生や研究者、開発援助にかかわる実務家や市民社会組織、一般社会人にも本シリーズを手に取ってもらい、多くの刺激を得てほしい。

ICAS日本語シリーズ監修チーム一同

日本の読者へのメッセージ

本書がこのように日本語でも読めるようになったことは、著者にとって大変喜ばしい限りである。本書で論じている中心テーマは、日本においてもまた世界の他の場所においても同じように、今日的な深い意義を持っている。

農村の生活の複雑さを理解することは、分野やセクターの縄張りに縛られない視座を持つことにほかならない。本書が示しているように、暮らしのアプローチは、社会科学と自然科学の両方に依拠し、理論的なアプローチと実践的なアプローチを統合する試みである。このアプローチによって、狭い専門性にこだわる伝統的アプローチを離れ、現場に変化と影響をもたらす、より統合的で包括的なアプローチを取ることが可能になる。さらに、様々な農村の背景において、農業、雇用、インフラ、環境、健康、ウェルビイーングに対する関心を結びつけて考えるための重要な方法が明らかになる。

開発に対するより多面的なアプローチは「持続可能な開発目標」を達成するための中核である。「持続可能な開発目標」においては、誰一人として取り残されることがなく、平等、生産性、持続可能性とが繋がっている。このためには、政治的なものを舞台中央に出すアプローチが不可欠であり、大きな好ましい変化を確実に生み出す政治的、経済的な条件についての問題をくまなく探究することが必要になる。本書は農村開発における統合的な考え方の長い伝統に依拠しており、誰が勝ち組で誰が負け組なのかについての問いを発しながら、政治的なものを真剣に考慮するよう緊急の要請を行っている。

日本で活動しておられようと他の地域で活動しておられようと、学生、活動家、政策立案者、あるいは持続可能な農村開発に携わっているあらゆる人たちにとって、本書がお役に立てることを願っている。翻訳の労をとってくださった、西川小百合氏、西川芳昭氏と、本シリーズの日本での出版を仲介し進めてくださった船田クラーセンさやか氏に深く感謝を申し上げる。

2018年5月、ブライトンにて

イアン・スクーンズ

謝　辞

本書は、多くの人たちとの長きにわたる対話と、そこから得られた見識なしには生まれなかった。その方々のお名前をすべて記すのは不可能であるが、ここにお一人お一人に深く感謝を申し上げる。ロバート・チェンバース（Robert Chambers）とゴードン・コンウェイ（Gordon Conway）は、私が1980年代に修士課程と博士課程で学んでいる間のみならず、その後も、「人びとの暮らし（生計）を考えること」に携わるよう刺激し促してくれた。一方、ジェレミー・スイフト（Jeremy Swift）は開発学研究所（Institute of Development Studies: IDS）のプロジェクトを主導してくれて、そこにおいて私の1998年の枠組み論文が結実したのだった。政治と制度が重要であるという視点が明確になったのは、当時の開発学研究所の「環境グループ」の後援のもと、メリッサ・リーチ（Melissa Leach）、ロビン・メアンズ（Robin Mearns）、ジェームズ・キーリー（James Keeley）、ウィル・ウォルマー（Will Wolmer）ら同僚と共同で行った「環境利用に対する権利（environmental entitlements）」および政策プロセスに関するプロジェクトを通じてであった。地域の人びとの知識と市民参画の問題は、「農民第一」とそれを越えるもの、およびその再考に関して、ジョン・トンプソン（John Thompson）らと行った共同研究の中核であった。人びとが営む暮らしと開発の問題を持続可能性の政治学と繋げることは、サセックス大学STEPSセンターの経済・社会研究会議における研究の中心部分に位置している。光栄にも、私は過去10年にわたり、メリッサ・リーチ、アンディ・スターリング（Andy Stirling）と共同で、この研究を先導する役割を担わせていただいた。農業・農村の政治経済学に関する広範な討論への関わり方は、近年の土地と緑の「収奪」に関する研究によって刺激を受けて、大きな変化を遂げた。この研究には、土地問題政策イニシアティブ（Land Deal Politics Initiative: LDPI）、『小農研究ジャーナル（*the Journal of Peasant Studies*）』、未来農業連合（Future Agricultures Consortium）に関わる研究者など、世界中から多くの研究者が加わっている。

このように、私を訓練し、疑問を投げかけて討論し、教育してくれたのは、30年にわたり幾多のプロジェクトに関わってきたことと、世界の様々な地域の数多くの研究者、学生、研究パートナーたちだ。けれども、私が最も多くを負っているのは、私と一緒に長年働いてくれた農村地域の住民たち、とりわけジンバブエ南部の住民たちだ。かの地にてほぼ30年間、私は土地、農業、農村開発の問題に取り組んできた。彼らは、人びとの暮らしが複雑で多様で、とりわけ政治的であることを絶えず私に思い起こさせてくれる。ジンバブエにおけるフィールド研究パートナーであるマベゼンゲ（B.Z. Mavedzenge）とフェリックス・ムリンバリンバ（Felix Murimbarimba）は私の思考に対してとりわけ刺激を与えてくれている。

本書の執筆は、開発学研究所での超過勤務で発生した「労働余剰ポイント」と、その一部を2013年から2014年にかけての在外研究に組み入れたことによって可能になった。この期間に論点のいくつかを、北京にある中国農業大学の人文・発展学院、アクラのガーナ大学レゴンキャンパスにある地理学科、サセックス大学の開発学研究所で、実際に提示した。それに続く議論のフィードバックはきわめて有益で、サイモン・バタベリー（Simon Batterbury）、ヘンリー・バーンスタイン（Henry Bernstein）、トニー・ベビントン（Tony Bebbington）、ロバート・チェンバース、マーティン・グリーリ（Martin Greeley）による論評も、同様に有意義なものだった。

最後に、原稿の体裁を整えてくれたニコール・マクマレイ（Nicole McMurray）に、そして締め切りが過ぎていることを数年にわたり根気強く、だが丁重に気づかせてくれたジュン・ボラス（Jun Borras）に感謝を申し上げる。

序　文

本書の執筆には多くの困難が伴った。理由の１つには長さの問題があって、短いものでなければならなかった。述べたい多くの事柄を、限りある語数に詰め込まざるをえなくなる。次に、取り扱う対象となる資料が複雑で、絶えず新しいものが加わるだけでなく、情報源も、通常の出版物のみならず一般には流通しない「灰色」文献をも参照するために、膨大になった。さらに、取り扱う題材によっては著者の関与の度合いが異なっている点も、難しさの理由の１つであった。

私は1990年代に開発における生計のアプローチをめぐる議論に深く関わっていた。携わった研究プロジェクトの多くが、中心テーマとして生計アプローチの立場を採っており、それには、1996年から1999年まで続いた持続可能な農村の暮らしについての開発学研究所の大きなプロジェクトに加えて、「環境利用に対する権利」についての研究も含まれる。しかしそれ以来、私はその議論からかなり遠ざかっていた。ジンバブエの農地改革後の人びとの暮らしについての継続中の研究と同様に、アフリカにおける土地および人びとの暮らしに関する現地調査では、私は生計アプローチを中核に据えていた。けれども、アプローチ、枠組み、政策の介入についての幅広い議論がやや古臭くなったと私には思えたのだった。

それゆえ、学んだ教訓、および10年来の生計アプローチの意義と制約について熟考するために、私はいくぶん不安な気持ちでこの議論に戻ったのだ。これは人びとの暮らし（生計）を考える10年を記念すべく、開発学研究所が2008年サセックス大学で開催したワークショップにて始まった。それは2009年私が『小農研究ジャーナル』に寄稿した論文へと継続し、2013年から2014年に本書の執筆に携わるようになってからも進行中である。本書は2009年の論文が原点となっている。執筆はぐいぐい引き込まれる時と難渋する時とが交互に混じるプロセスであった。書き上げてみると、1998年に枠組みについての論文を書いた時よりも、人びとの暮らしを評価する生計アプローチの重要性をいっそう確信するに至っている。しかしながら、政治的な観点を、すなわち個別地域の変化と広範な構造的変化とを同じ分析の一部として考察する観点を、もっと堅持する必要もまたいっそう確信するようになった。

そこで、本書の目的はこの議論を幅広い読者に伝えることにある。本書は読みやすいスタイルで書かれていると思うし、膨大な文献とアプローチを扱ってはいるけれども、その概要を示し、またこれからいかにどこへ進むべきかのヒントを提供するのみである。手引きや指針にするつもりはなく、規範的な枠組みあるいは方法として取り上げるよう勧めるのでもない。本書の目的は、問いと討論とを喚起し、1990年代後半から2000年代初頭の論議の高まり後に低迷した地点から、議論を押し進めることだ。

伝えたいことは明確だ。人びとの暮らしを評価する生計のアプローチは、農村開発、貧困、ウェルビーイングの問題を考察する際の必要不可欠な視点を提供するが、農業・農村の変化についての政治経済学のより深い理解の中にこのアプローチを位置づけることが必要だということである。重要な農に関する研究に依拠しながら、本書は以前の生計の枠組みを問い直し拡張してくれる新たな問いを設定する。また、人びとの暮らしを評価する生計の新たな政治学の４つの次元、すなわち、利害関心、個々人、知識、エコロジーの政治学を提唱する。この４つの次元は全体で農村と農業とをめぐる事柄を概念化する新たな方法も提示する。それが思考と行動に対して深い意義を持ちうると確信している。

生計アプローチの狙いが、開発のための新しいメタ理論の提供だったことは一度もない。生計アプローチは、適切にも個別の地域から始まって、特定の問題に焦点を当てるものだった。おそらく、多くの領域で適用できる規模の大きい理論の時代は終わったのだろうが、それでも開発の思考と行動は広範な概念化によって下支えされる必要がある。本書は人びとの暮らしを評価する生計アプローチおよび批判的な農業・農村および環境面での研究を、実践的で政策的な関心と結びつけることを目指している。ここで知識、政治、政治経済学の諸理論が前面に出てくる。本書では、それらがいかにして、生計分析において立てられる問いと使われる方法の種類とを豊かにし、またその幅を広げるのかを明確にする。繋がりが見失われることの多いこれらの議論が、実践的なものと理論的なものとを結合しながら、より効果的に相互に影響できるようになることを私は願っている。

当然のことだが、本書は同僚と私が長年にわたって取り組んできた研究に大きく依拠している。その結果、文献調査から他の事例を付け加えてはいても、事例の引用がアフリカに偏りがちだ。もちろん、引用すべき広範な多くの事例が世界中にあることは承知している。だから、読者諸賢にあってはご自身の事例について考察し、生計分析という広範な知見において利用できる現場の事例と方法論の潤沢な装備一式を増し加えてくださるようにお勧めする。

本書はとりわけ世界中の農村の状況の複雑さを探究し始めた学生向けに書かれている。挙げた要点は都市の状況にも適用しうるものが多いけれども、私が注目してきた研究の重点のゆえに、農村を中心に議論を進めている。毎年世界中の学生から自分のプロジェクトについてアドバイスを求めるＥメールが私の許に届く。生じているジレンマに対する単純な解決策はありえないから、それに答えるのは簡単でないことが多い。農村の人びとの暮らしについての研究、農業・農村の変化、持続可能性という、刺激的だが骨の折れる分野において、将来の研究者たちが取るべき方向についての考えを進めるプロセスに、本書がお役に立てることを願っている。

2015年２月

英国サセックス大学開発学研究所
イアン・スクーンズ

持続可能な暮らしと農村開発
アプローチの展開と新たな挑戦
目　次

「グローバル時代の食と農」シリーズの刊行にあたって　3
日本の読者へのメッセージ　6
謝　辞　7
序　文　9

第1章　暮らしに注目すること：アプローチの展開を振り返る……15
暮らしに注目する考え方　17
持続可能な農村の暮らし　20
キーワード　23
核心の問題　25

第2章　暮らし、貧困、ウェルビーイング……29
暮らし方が生み出すもの：概念上の基礎　31
暮らし方が生み出す成果を測る　33
不平等の評価　36
多次元的な計測基準と指数　37
誰に関する指標が重要なのか？　38
貧困の動態と暮らしぶりの変化　43
権利、エンパワメント、不平等　45
結　論　46

第3章　暮らし（生計）の分析枠組みとその先にあるもの……49
人びとの暮らしの背景（context）と戦略　52

暮らしを営むための資産、資源、資本　54
暮らしの変化　56
政治と権力　56
枠組みの構成要素は何か？　58
結　論　60

第4章　アクセスとコントロール：
制度、組織、政策のプロセス……61

制度と組織　61
アクセスと排除とを理解すること　66
制度、慣習、行為主体　68
相違、認識、意思表示と発言権　70
政策のプロセス　71
ブラックボックスの中身を明らかにする　75

第5章　人びとの暮らし、環境、持続可能性……77

人間と環境：動的な関係　79
資源の不足：マルサスを越えて　80
平衡状態にない生態系　82
適応の仕方としての持続可能性　84
生計と生活様式　85
持続可能性のポリティカル・エコロジー　88
持続可能性の再構築：政治と交渉　90

第6章　人びとの暮らしと政治経済学……91

多様なものの統一性　91
階級、人びとの暮らし、農業の動態　95
国家、市場、市民　97
結　論　98

第７章　的確な問いを立てる：
拡張された暮らし分析のアプローチ …………101
政治経済学と農村の暮らしの分析：６つの事例　102
明らかになったテーマ　113
結　論　115

第８章　暮らしの分析のための方法 ……………………………117
方法の組み合わせ：分野の縦割りを越えて　118
人びとの暮らしの評価を実際に利用するうえでの
アプローチ　121
人びとの暮らしの政治経済学的分析に向けて　123
先入見を問い質す　124
結　論　128

第９章　「政治」を中心に据え直す：
暮らしの観点に対する新たな挑戦 ………………129
利害関心の政治学　130
個々人をめぐる政治学　132
知識をめぐる政治学　133
エコロジーをめぐる政治学　134
新たな暮らしの政治学　136

訳者解説　139
参考文献　145

【凡例】
・著者による注は注番号を付し各章末に、訳者による注は〔　〕で本文中、もしくは＊を付し各頁の下欄に示した。

第1章 暮らしに注目すること

アプローチの展開を振り返る

暮らし[*]に注目する観点は、農村開発の議論においてここ20～30年の間にますます中核を占めるようになってきた。本書はそうした論議を、農業の変化に関する広範な文献資料の中に置くことで概観し、研究、政策、実践のための意義を探究する。大きな目的に関するささやかな著作なため、すべてを網羅しているわけではない。本書の狙いは生計、農村開発、農業・農村の変化についての議論を前進させる助けとなる広範な洞察と考え方を提供することにある。

いうまでもなく、人びとの暮らしに焦点を当てるのは目新しいことではない。包括的で全体を視野に入れるボトムアップの観点、人びとが様々な社会的背景や状況において生計を立てるために何をするのかについての理解を核心に置く観点は、数十年にわたり農村開発の考え方と実践の中心になっている。植民地時代の植民地領における行政政策から今日の援助政策の一環としての農村総合開発に至るまで、暮らしへのまなざしはセクター別の関心を統合し、人びとの努力を現地の特定の状況に根づかせるための方法を提供してきた。今日暮らしに注目する考え方は、気候変動への順応、災害リスク軽減、社会的保護などの新たな難題に対処すべく、その意義が見直されつつある。

図表1.1と1.2は「生計」と「持続可能な生計」の用語が書籍と雑誌記事で使われた数を経時的に示している。使用数は特に1990年代から増加している。

＊）原著で使用されている livelihoods は英和辞典で調べると「生計」という訳語が与えられており、1990年代の JICA 報告書等ではこの語が使用されている。しかしながら、日本語の「生計」は、暮らしの糧を得る手段という意味合いが強いが、原語の livelihoods は非常に多義的な言葉であり、むしろ日本語の「暮らし」「暮らしぶり」に近い意味を持つ。そのため、本書では、文脈に合わせて翻訳者の解釈に基づいて、「暮らし」「暮らしぶり」「暮らし方」「暮らしのあり方」「暮らしの分析」および「生計」と訳し分けている。そのことによって、原著が livelihoods の単語に託している多義性の一部が損なわれている可能性はあるが、日本語の読みやすさを優先させた。

図表1.1　1950年から2008年の間に書籍で使用された「生計」の用語（Google BooksのNgram Viewerでスキャンした全書籍の割合より）

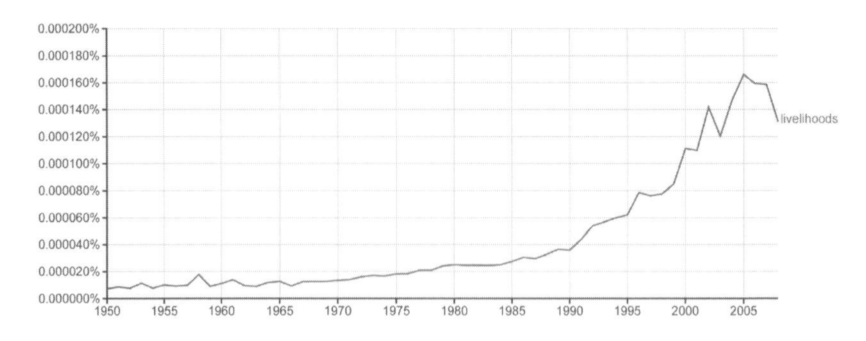

図表1.2　1995年から2014年の間の雑誌記事における「生計」と「持続可能な生計」の語を含む出版物の数（Thomson Reuters Web of Scienceより）

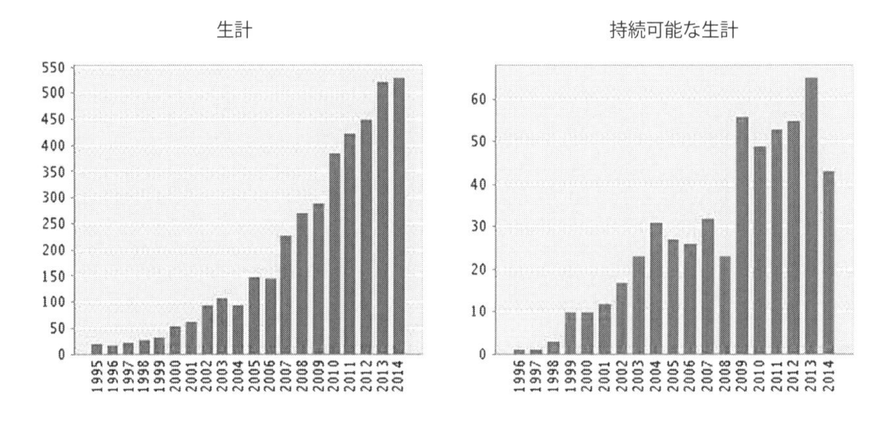

しかし、生計のアプローチ、枠組みおよびその概念に対する熱狂が渦巻く中で、分析上の厳密さと概念上の明確さが失われることがある。農村の暮らしについて語る場合に私たちは何を意味しているのか？　どんな現地調査であれ、私たちに役立つのはどのような分析視角なのか？　物事を把握する際に、指針となる政策と実践に狙いを定める広範な枠組みを用いることには、どのような意義があるのだろうか？　こうした疑問に本書は答えたい。

暮らしに注目する考え方

暮らしに注目する観点は、ロバート・チェンバース（Robert Chambers）とゴードン・コンウェイ（Gordon Conway）が影響力の大きい論文を1992年に発表した時に、突如として現れたのではない。そう主張する考え方の系譜もあるが、実際は違う。暮らしを考察する分野横断的な観点は、それよりもさらに遡る豊かで重要な来歴を持っており、考え方と実践とに多大な影響力を有している。

1820年代にウィリアム・コベット（Willian Cobbett）は南および中部イングランドに騎馬旅行をして「地方の実情を自分の目で観察」し、旅行記『農村騎行』にその観察と考察を詳しく記し、自らの政治活動に活かした（Cobbett 1853）。カール・マルクス（Karl Marx）が、批判的な政治経済学の方法論についての古典的な論文『経済学批判要綱』において、生計アプローチの重要な要素を提唱していることを（Marx 1973）、本書の後半で論じるつもりである。初期の地理学や社会人類学の研究は、「暮らしぶり（"livelihoods"）」や「生活様式（"modes of life"）」を考察し（Evans Pritchard 1940; Vidal de la Bache 1991 と比較。Sakdapolorak 2014 を参照）、カール・ポランニー（Karl Polanyi）は、経済の大転換に際しての社会と市場の関係に興味を抱き（1944）、死の目前まで『人間の経済』*）を執筆していた（Polanyi 1977; Kaag *et al.* 2004）。1940年代と1950年代にローズ・リヴィングストン研究所の現在のザンビアにおける研究は、今でいう暮らしの調査を行っていた。これには、生態学者、人類学者、農学者、経済学者が、変わりゆく農村システムとその開発の課題を共同で観察したものが含まれる（Werbner 1984; Fardon 1990）。「生計」と明示的に呼ばれてはいなかったが、この研究は典型的な暮らしの分析であり、現場との深い関わりと起こすべき行動への強い関与をもとに統合的で地域に根差した分野横断的な分析が行われている。

だがこのような考え方がその後開発の思考に浸透することはなかった。近代化の理論が開発の論議に影響を与えるにつれ、単一の分野の観点がいっそう支配的になったのだ。政策の助言は、農村開発のジェネラリストやそれまでの

---

*）ポランニー『人間の経済』全２冊、玉野井芳郎他訳、岩波書店、1980年。

現場主義の行政担当者よりも、プロの経済学者の影響をより多く受けるようになった。農村開発への取り組み方を、需要と供給、投入と生産、ミクロ経済学とマクロ経済学のような予見モデルの枠組みで構成することは、当時認識されていた要請に適していたのだった。世界中の新独立国家に加えて、世界銀行、国際連合機関、二国間の開発援助組織などの第二次世界大戦後の開発機関は、この政策枠組みの圧倒的拡大を反映しており、経済学を、自然科学、医学、工学の技術部門の専門家に橋渡しした。このため、社会科学の実践的な専門知、とりわけ分野横断的な生計の考え方は、脇に追いやられてしまった。それとは異なるラディカルなマルクス主義思想家は、植民地独立後の体制整備において資本主義が政治や経済と持つ関わりを、マクロレベルでは考察したが、特定の背景を持つミクロレベルでの現場の実相を掘り下げることはほとんどなかった。

もちろん、そうでない領域もあり、特に農業経済と地理学の分野においては、多少違いはあるが重要な貢献が経済学者やマルクス主義の学者によってなされた。村落調査の伝統は、他の農村経済分析に代わる、実践に根差した重要な選択肢であった（Lipton and Moore 1972; Harriss 2011）。たとえばインドでは、一連の優れた調査研究によって「緑の革命」の様々な影響が考察された（Farmer 1977; Walker and Ryan 1990）。これらの研究は、農業生産および世帯での蓄積の型をミクロ経済学の視点で見ているが、多くの点で暮らしに関する調査研究に該当するものであった。ワーゲニンゲン大学の注目すべき行為者主体のアプローチを展開する時に、ノーマン・ロング（Norman Long）はザンビアでの自身の研究における生計の戦略に言及していた（Long 1984; De Haan and Zoomers 2005 を参照）。同じ時期に、異なる理論の伝統から、マイケル・ワッツ（Michael Watts）が行ったナイジェリア北部における農村の変容についての優れた考察（*Silent Violence*, 1983）のような現地調査が、人びとの暮らしの変化の形態をめぐる論争に対して重要な洞察を提供した。

こうした研究が大きな刺激となって、さらに多くの研究が続々と行われるようになった。農村調査研究をもといとして、世帯とファーミングシステムズ研究*) は1980年代には開発研究における重要な部分になった（Moock 1986）。それはとりわけ世帯内の動態に焦点を当てた研究に当てはまる（Guyer and Peters

*）「農耕のシステムについての研究」と誤訳される例も多いが、この言葉は研究の対象ではなく手法であり、120ページでも説明されるように多様な参加型研究の一手法である。

1987)。ファーミングシステムズの研究は、農業問題に関するより統合的なシステムの視点を得るために様々な国で奨励された。後に農業生態系分析（Conway 1985）と速成農村調査法および参加型農村調査法（rapid and participatory rural appraisal approaches）のアプローチ（Chambers 2008）が、現場への関与についての方法とやり方の幅を拡大した。

暮らし方と環境変化に焦点を当てる研究もまた重要であった。動的生態学、歴史および長期的な変化、ジェンダーによる分化などの社会的分化、文化的背景に対する関心を考慮して、地理学者、社会人類学者、社会経済学者はこの時期に農村の現状についての影響力のある豊かな一連の状況分析を提供した[1)]。このおかげで、ストレス下にある暮らしだけでなく、環境と開発の関係性が何であるのかが、環境変化に対応するための戦略と暮らしの順応に力点を置いた形で明確になった。

研究のこの方向性は、マルクス派の政治地理学による研究と大幅に重なり合っているが、「ポリティカル・エコロジー」[2)]と呼ばれるようになった別の知的な発展を含んでいる。ポリティカル・エコロジーは、多くの異なる構成要素を含み、様々な形態があるものの、核心において、構造的、政治的な力と生態学的な動態との交差する部分に焦点を当てている。ポリティカル・エコロジーは、地域レベルでの現地調査に深く関与する特徴を一部において持つものの、様々な生計の複合した現実を深く理解しながら、よりマクロな構造の解明にも取り組んでいる。

1980年代と1990年代になって環境と開発の両方を重視する動向が生じたことに伴い、貧困軽減と開発を、より長期的な環境面での衝撃とストレスに関連づけることへの関心が高まった。「持続可能性」の語は1987年に「ブルントラント・レポート」（WCED 1987）が発表されると大々的に普及するようになり、1992年リオデジャネイロでの国連環境開発会議（UNCED）後の政策課題の中心になった（Scoones 2007)。持続可能な開発アジェンダは、時として不安定な形をとることもあったが、暮らしに関する事柄を地域の人たちを優先することと結びつけ（「アジェンダ21」の中心的特徴）、環境問題に地球規模で取り組むべきことを主張しており、それは気候変動、生物多様性、砂漠化に関する会議で重要視されている。持続可能性にまつわるこうした様々な問題が今度は、社会生態学の体系とレジリエンスや持続可能性の研究などの分野横断的研究において探究されるようになっている（Folke *et al.* 2002; Gunderson and Holling 2002; Clarke and Dickson 2003; Walker and Salt 2006)。

かくして、農村調査、世帯の暮らし方とジェンダー分析、ファーミングシステムズ研究、農業生態系分析、速成農村調査法および参加型農村調査法、社会－環境変化、文化生態学、ポリティカル・エコロジー、持続可能性研究、レジリエンス研究（その他にも多くの分野）[3]などのアプローチはどれも、種々の要素からなる農村の暮らしが政治や経済や環境の変遷とどのように交差するのかについて、多様な洞察を提供してきた。それは、自然科学と社会科学の両方からもたらされる広範な学問分野の視点をそなえた洞察である。それぞれが違った強調点と分野独自の視点を持ち、それぞれが、影響の度合いは異なるが、違ったやり方で農村開発についての政策立案とその実施に取り組んでいる。

持続可能な農村の暮らし

人びとの暮らしをめぐる考察に寄せられる近年の関心は、1980年代後半に「持続可能な」、「農村」、「生計（暮らし）」の３語が結びついて出てきた[4]。これらの語が結び合わされたのは、1986年ジュネーブのホテルにてブルントラント委員会[5]の報告書 *Food 2000* についての討論中であったといわれている。報告書の中で M.S. スワミナタン（M.S. Swaminathan）やロバート・チェンバースたちが、農村における貧しい人たちの現実を出発点に置く、人間中心の開発を目指す展望を提示した（Swaminathan *et al.* 1987）。これはチェンバースの著作の、とりわけ影響力多大な書物『第三世界の農村開発（*Rural Development: Putting the Last First*）』（Chambers 1983）の力強いテーマであった。この著作は遡って彼の県行政長官および統合的研究の責任者としての経験が活かされている（Cornwall and Scoones 2011）。1987年にリチャード・サンドブルック（Richard Sandbrook）の洞察力ある指揮のもと、国際環境開発研究所（International Institute for Environment and Development: IIED）は持続可能な生計についての会議を開催し（Conroy and Litvinoff 1988）、チェンバースが全体像を記している（1987）。

しかし、今では頻繁に使われる「持続可能な生計」の定義が出てきたのは、1992年チェンバースとコンウェイが開発学研究所（Institute of Development Studies: IDS）の研究報告書を作成した時である。この報告書では、次のように述べられている。

> 生計には、潜在能力、資産（物的資源と社会的資源の両方を含む）、生活手段のための活動が含まれる。生計が持続可能なのは、ストレスや衝撃に対処してそこから回復でき、潜在能力と資産を維持ないし強化でき、他方で自然資源の基盤を損なわない場合である。（Chambers and Conway 1992: 6）[6]

この刊行物は1990年代後半に「持続可能な生計アプローチ」として知られるようになった考え方の出発点と見なされている。当時野心的な構想を狙ったのではなく、この二人の著者の間で交わされた会話から出たものにすぎなかった。この際に、開発の実践における「最も注目されない人を最も大切にすること」（Chambers 1983）や、農業生態系分析と持続可能な開発の幅広い課題（Conway 1987）に対する各自の関心が、重要にも重なっていることに気づいたのだった。この報告書は幅広く読まれたけれども[7]、その当時は開発思想の主流にほとんど直接の影響を与えなかった。

ローカルな知識、地域社会優先、持続可能性に対する全体的な関心についての議論は、その時期の経済改革や新自由主義的政策に関する強硬な議論においてあまり牽引力を持たなかった。1980年代からの新自由主義的転換に対しては、辛辣に批判する書物や論文があったが、それ以外の考え方を模索する動きはほとんど抑え込まれてしまった。生計、雇用、貧困をめぐる議論は1995年のコペンハーゲンでの世界社会開発サミット[8]の頃から持ち上がったが、生計アプローチは周辺部分にとどまったままだった。もちろん、地域の人びとの主体的参加を促し、暮らしのあり方に焦点を当てる観点は、国家の役割と権威の衰退や需要に基づく政策についての説明だけではなく、新自由主義のパラダイムにも組み込まれた。しかしこの参加型アプローチをまた別の不当で不合理な状態だと受け取った人たちもいた（Cooke and Kothari 2001）。同じように、持続可能性の議論は市場志向型解決とトップダウンで実用的な地球環境ガバナンスとの本質的部分になった（Berkhout *et al.* 2003）。しかし複雑な生計、環境動態、貧困緩和重視の開発についてのより幅広い関心は、目立たない脇役にとどまっていた。

けれども、こうしたすべてが1990年代後半と2000年代初頭に変化した。ワシントン・コンセンサスの決まりきった政策が、1999年の世界貿易機関閣僚会議のいわゆる「バトル・オブ・シアトル」での抗議運動のように一般の人たちから街なかにおいて疑義を受けるようになった。また2001年のポルト・アレグレでのフォーラムに始まる世界社会フォーラムを中心とした世界規模の社会運動に刺激を受けた議論において、経済学（アマルティア・セン［Amartya Sen］やジョセフ・スティグリッツ［Joseph Stiglitz］以来）を含む専門家たちの議論において、疑問視されるようになった。さらには、経済が新自由主義的改革のもとで立ち直っておらず、国力がそれまでに縮小していた国々においても、異議が唱えられた。英国では1997年の総選挙が、開発をめぐる議論において重要な時期であった。労働党内閣の発足に伴い、英国国際開発省（Department for International Development: DfID）が誕生し、能弁で熱意に溢れたクレア・ショート（Clare Short）が大臣となり、貧困と暮らしへの深い関与を明確に表した白書を刊行した（Solesbury 2003 を参照）[9)]。

その白書は持続可能な農村の暮らしを開発優先事項の中核として強調している。英国政府はすでにこの分野で多くの研究を委託しており、複数の調査計画が進行中であった。その1つがサセックス大学の開発学研究所（IDS）のコーディネートによるバングラデシュ、エチオピア、マリでの調査である。この学際的な研究チームは人びとの暮らし方の変化の比較分析に取り組んでおり、現地調査の諸要素に繋がりを持たせるためのチェックリストを図表化した（Scoones 1998）。このチームは実質的に、国際持続的発展研究所（International Institute for Sustainable Development）（Rennie and Singh 1996）および国際開発学会（Society for International Development）（Amalric 1998）による先駆的研究に加えて、開発学研究所による「環境利用に対する権利（environmental entitlements）」研究などを参考にしている。「環境利用に対する権利」という考え方は、アマルティア・センの著名な研究を土台に、資源の豊富さや資源をもとにした生産に関する面を対象とするだけではなく、人びとの資源へのアクセスのあり方を左右する、人びとと資源との間に介在する制度の役割を強調する（Leach *et al.* 1999）。

これは、開発学研究所の持続可能な生計の研究と同様に、経済学者をアクセスの問題と農村開発や環境変化の組織面および制度面の問題に引き入れようとする試みであった（第4章）。ダグラス・ノース（Douglass North）（1990）他の研究を利用して、環境利用に対する権利の観点を唱道する人たちは、社会人類学やポリティカル・エコロジーを活かしながら、制度派経済学や環境動態（特にニュー・エコロジーの視点から、Scoones 1999 を参照）の用語を使用した。それはトニー・ベビントン（Tony Bebbington）の研究（1999）と軌を一にする。ベビントンも、センの優れた業績を取り入れて、アンデスにおける農村の暮らしと貧困を考察するために資本と潜在能力の枠組みを展開した。

開発を議論する際に意識的に学際的アプローチが必要であることを経済学者に理解してもらうことは必須要件である。経済学者が新制度派経済学という形で制度に目を向けたのは、少なくとも個人主義的な合理的行為者モデルに基づく限定的な制度論ではあっても、ようやく最近になってからであった（Harriss *et al.* 1995）。社会的関係と文化が、社会関係資本の観点から説明された（Putnam, Leonardi and Nanetti 1993）。これによって、経済学の用語に大きく依拠していたとしても、何らかの生産的な対話を生み出す機会が開けたのだった。こうして「環境利用に対する権利」のアプローチ（Leach *et al.* 1999）とそのもっと一般的な持続可能な生計の枠組み（Carney 1998; Scoones 1998; Morse and McNamara 2013）の双方が、暮らしの要素が持つ経済的属性を、社会制度上のプロセスによってもたらされるものとして強調するに至った。とりわけ持続可能な生計の枠組みによって、投入（資本、資産ないし資源）と生産物（生計の戦略）とが結びついて暮らしにもたらされるものまでが一連のものとして考えられるようになり、さらに（貧困ラインや雇用水準などの）よく知られた領域が（ウェルビーイングと持続可能性の）より幅広い枠組みの中で把握されるようになった（第２章）。そしてこのような結合が、社会的、制度的、組織的なプロセスによってなされるものとして見られるようになった。

キーワード

こうして「持続可能な生計」（あるいは「農村の生計」または単に「生計（暮らし）」）は、開発研究と介入にとって特定のアプローチを表す簡潔な表現になった。第３章で詳細に議論するが、暮らしについての研究、プロジェクトのための資金調達、コンサルティング、研修などの活動が爆発的に増えた。上記の表現とそれに関する概念、方法論、アプローチは、「共通用語」（Gieryn 1999; Scoones 2007）として、学問分野、部門、制度上の縦割りの枠を越えて人びとを繋ぐことができた。それは、多様で方向性が異なっていて区別されてはいても、一致しうる、実践する集団を形成したのだ。

議論をわかりやすくするために、図表1.3は持続可能な生計に関するチェンバースとコンウェイ（1992）の著名な論文から作ったワードクラウドである。

図表1.3　チェンバースとコンウェイ（1992）論文のワードクラウド、Wordleを使用、中心部分のみ使用し、連結語をいくつか除去した

囲み1.1　暮らしの要素の適用例

- 農業（Carswell 1997）
- 動物遺伝資源（Anderson 2003）
- 養殖（Edwards 2000）
- 生物多様性の保全（Bennett 2010）
- 気候変動（Paavola 2008）
- 衝突（Ohlsson 2000）
- 災害（Cannon *et al.* 2003）
- エネルギー（Gupta 2003）
- 林業（Warner 2000）
- 先住民（Davies *et al.* 2008）
- 灌漑（Smith 2004）
- 海運業（Allison and Ellis 2001）
- 携帯電話の技術（Duncombe 2014）
- 自然資源の管理（Pound *et al.* 2003）
- 栄養および食の安全（Maxwell *et al.* 2000）
- 家畜の伝統的飼育（Morton and Meadows 2000）
- 強制移住（Dekker 2004）
- 河川流域管理（Cleaver and Franks 2005）
- 農村市場（Dorward *et al.* 2003）
- 公衆衛生（Matthew 2005）
- 社会的保護（Deverreux 2001）
- 交易（Stevens Deverreux and Kennan 2003）
- 都市開発（Rakodi and Lloyd Jones 2002; Farrington *et al.* 2002）
- 価値連鎖（Jha *et al.* 2011）
- 水（Nicol 2000）

このワードクラウドが示すのは、たとえば農村、所得、貧困、社会関係、将来、衝撃、世代、地球規模という概念に加えて、資産、アクセス、資源、潜在能力などの概念を繋げることの重要性である。囲み1.1は様々な状況のもとで生計アプローチの増大する適用例を示している。ここに列挙した文献は暮らしの要素の適用例に関するごく一部にしかすぎない（実際それぞれの適用例は列挙された文献全体に関連しうる）。

今では、人びとの暮らし（生計）に注目するアプローチは畜産、漁業、森林管理、農業、健康、都市開発など、文字通りあらゆる事柄に適用されている。1990年代後半から論文がまさに雪崩（なだれ）のごとく刊行され、どれもが持続可能な生計の商標を銘打っていた。このアプローチが開発計画の立案に際してよりいっそう中心的になるにつれ、それを運用上の指標（Hoon Singh and Wanmali 1997）、モニタリングや評価（Adato and Meinzen Dick 2002）、部門別の戦略（Gilling, Jones and Duncan 2001）、貧困軽減戦略の文書（Norton and Foster 2001）と結びつける試みがなされるようになった。しかしおそらく一番興味深いのは、横断的なテーマが、暮らしに注目する観点によって開かれうる領域に適用されることであった。したがってHIV/AIDSは健康から暮らし全体へと視点を移して議論されるようになり（Loevinsohn and Gillespie 2003）、暮らしの多様化、人の移動、農村部の農外所得は農村開発指針の中心に置かれ（Tacoli 1998; de Haan 1999; Ellis 2000）、複雑な緊急事態、衝突や災害時の対応は今では暮らしに視座を置く形で扱われるようになった（Cannon *et al.* 2003; Longley and Maxwell 2003）。

核心の問題

しかし本書が重要視するのは、援助に関わる官僚の気まぐれでも、学問上の流行に素早く飛びつく動きでもなく、生計アプローチが様々な状況に多面的に適用できる点でもない。むしろ農村の状況と農業の変化を理解するうえで不可欠な概念上の基本問題に、本書は重点を置く。加えて、本書はこれまで議論されてきた適用例の要件をさらに発展させながら、人びとの暮らしに注目するアプローチが理解のための手段としてだけでなく行動のための基盤として担う重要な役割を強調する。

どのような状況下にあっても、人びとの暮らしはきわめて複雑で多くの側面を有する。いうまでもなく、農村の暮らしは農業や農場経営を越えて、農村における雇用を含む幅広い農外活動に及ぶ。人の移動を見ればわかるように、都市との関連もまた重要である。人びとの暮らしは、複雑な選択肢として（Chambers 1995）、あるいはブリコラージュとして成り立っており（Cleaver 2012; Batterbury 1999; Croll and Parkin 1992）、様々に異なる要素を、人びとの間で時空を超えて繋ぎ合わせている。農村の人びとの中には特定の活動に専念する人もいれば多角化する人もおり、チェンバースが、いろいろな戦略を試すキツネと1つの戦略を続けるハリネズミにたとえたごとくである（Chambers 1997a）。

ヘンリー・バーンスタイン（Henry Bernstein）が説明するように（2009: 73）、多くの人たちが生計を立てるには、

> 不安定で過酷な、さらにはますます「インフォーマル経済」での賃金雇用、かつ／または、農業を含む同様に危険で小規模で不安定な「インフォーマルセクター」の（「生き延びるための」）様々な活動を行っていかざるをえない。その結果、彼らは生計を立てるには雇用と自己雇用を様々に複雑に組み合わせてやっていかざるをえないのだ。しかも貧しい労働者の多くは、都市と農村、農業と農業外、賃金雇用と自己雇用などの、社会的な労働部門間の異なる場をまたいで生計を立てている。こうして、「労働者」、「商人」、「都市」、「農村」、「被雇用者」、「自己雇用」という、画一的で固定化した物の見方（と「アイデンティティ」）についての思い込みが覆されるのだ。

フランク・エリス（Frank Ellis）は、農村の暮らしを多様な戦略の観点から見ることが大切だと強調し、農業が多くの生計手段の1つにすぎないこと、および世帯内や世帯間で差異化されていることを主張する（Ellis 2000）。農業を取り巻く状況が変化する中、農業生産とその他の活動が組み合わされるにつれて、農外の農村経済がますます重要になってきている（Haggblade *et al.* 2010）。人の移動の形態の変化、都市との繋がり、地球規模での移住の拡大が不可欠な流れになるにつれ、地域外からの送金による資源の流入もまた必須なものになった（McDowell and DeHaan 1997）。経済全体が変化するにつれて農村地域もまた変化する。こうした変化に伴い、脱農業化が起き（Bryceson 1996）、「地理的に制限されない」労働者階級が登場し（Breman 1996）、ある集団が町や他の地域に移動して他の人たちが取り残されるという、限定的な人口減少地域が生じ

る（Jingzhong and Lu 2011）。農村地域の中には、鉱物資源の採掘（Bebbington *et al.* 2008）や大規模農場への投資（White *et al.* 2012）といった新たな経済活動の結果、小規模農地経営が賃金雇用に移行するゆえに、生計の機会に大きな変化が生じるところがある。「北」であろうが「南」であろうが、世界中どこを見ても、経済全体の変化によって大きな構造変化が農村地帯において引き起こされている。すべてが暮らしを劇的に作り変えているのである。したがって、個別の暮らしにはそれぞれに固有の状況の違いや特異性があるという点を適切に認識すると同時に、構造を広範囲に作り変えていく要因を説明できる暮らしに注目するアプローチが不可欠なのだ。この点は、1992年にヘンリー・バーンスタイン、ベン・クロウ（Ben Crow）、ヘイゼル・ジョンソン（Hazel Johnson）が編集した放送大学テキスト『農村の生計』で中心テーマとされている。このテキストは非常に良くできているが、残念ながら多くの人びとに読まれたわけではなかった。

いかなる特定の状況に関しても、私たちは「どんな暮らしについて話しているのか？」を問わなければならない。著名な児童文学作家リチャード・スキャリー（Richard Scarry）の言葉を借りると、「みんなはいちにち何をしているの？」を調べてみる必要がある。また私たちは「誰の暮らしなのか？」を探究し、社会的関係と社会的分化のプロセスについて論じることも迫られている。さらに「生計はどこで苦労して得られているのか？」と問う必要もある。生態環境、地勢、活動範囲の問題に取り組むことで、季節性と経年変動について問い、時間的側面を探究しなければならない。とりわけ、記述的評価を越えて、なぜ実現可能な暮らし方とそうでない暮らし方があるのかを問う必要がある。このためには困窮、無力化、不利な立場を招く原因だけでなく、機会と仕事が得られる原因をより広範な視野で理解することが不可欠である。そして、この理解を用いて、暮らし方が生み出すものに影響する制度的、政治的プロセスを理解する必要がある（O'Laughlin 2004）。

こうした問いは単純に答えられるものではない。実のところ、それはマルクス、レーニン、カウツキーらによって探究された農業政治経済学の中核となる関心に強く結びついており、それゆえ農村における階級がどのようにして出現するのか、異なる政治－経済状況下での集団間の関係がどのように人びとの生活に影響するのかをめぐる典型的な問いと結びついている（Bernstein 2010a, b）。第6章で、このような長年の伝統ともっと最近の暮らしへの眼差しとをより緊密に関連づける必要性を論じるつもりである。

その前に、暮らし方が生み出すものについての理解、つまり人びとは多様で異なる生計の活動から何を得るのか、そうしてもたらされるものがどのように分配され、人びとはニーズや欲求や願望をどのように形成するのかを取り上げる。そのため次章では暮らしについて、貧困、ウェルビーイング、潜在能力に関するより広範な文献の中で議論する。

◉原註

1）たとえばアフリカに関しては、Richards 1985; Mortimore 1989; Davies 1996; Fairhead and Leach 1996; Scoones *et al.* 1996; Mortimore and Adams 1999; Francis 2000; Batterbury 2001; Homewood 2005 など。他にも Rappaport 1967 や Netting 1968 などの文化生態学の伝統における先駆的研究を含む多数の研究がある。

2）Blaikie 1985; Blaikie and Brookfield 1987; Robbins 2003; Forsyth 2003; Peet and Watts 1996, 2004; Peet *et al.* 2010; Zimmerer and Bassett 2003; Bryant 1997 を参照。

3）フランス語の文献の *systemes agraires* 研究を含む（Pelissier 1984; Gaillard and Sourisseau 2009 を参照）。

4）この部分は Scoones 2009 からの引用である。

5）ロバート・チェンバースとの私信。だが彼が指摘するように、*Politics for Future Rural Livelihoods* と題された1975年英連邦閣僚会議の報告書などのように、それ以前に様々な形の先行研究がある。

6）Scoones 1998, Carney 1999 などからの引用。

7）google. scholar によると、2014年11月現在で2671件引用されている。

8）www.un.org/esa/socdev/wssd/

9）www.dfid.gov.uk/Pubs/files/whitepaper1997.pdf

第2章
暮らし、貧困、ウェルビーイング

暮らしに関する分析において中心の問題は、誰が貧しく、誰が富んでおり、なぜそうなのかを理解することだ。貧困の大半は依然として農村の問題で、世界の特定の場所に集中しているが、暮らしのあり方を向上させる可能性に不平等が存在することは、世界のすべての地域に見られる（Picketty 2014）。ポール・コリアー（Paul Collier）が言うように、「最底辺の10億人」には速やかに対応しなければならず、私たちが理解し行動するのに役立つアプローチが重要だ。しかし、なぜ21世紀初頭にそんなに多くの人たちが最底辺から抜け出せないでいるのか、それは、広範な政治経済と地球規模の構造的関係から考察すべき問題である。どのように貧困を厳密に計測するのか（Ravallion 2011a）、貧しい人たちがどこにいて貧困の実態がどのように変化しているのか（Kanbur and Sumner 2012; Sumner 2012）をめぐっては激しい議論があるけれども、明らかに、この課題に対しては議論を待つまでもなく緊急に対応すべきだ。

貧困とウェルビーイングをどのように測ればよいのかに関して、数十年にわたり熱心に議論されている。暮らし方が多様で多岐にわたり多くの側面を持つことに関しては、誰も異議を唱えない。しかし、どのようにして介入対象を評価し政策を策定すべきかに関しては、あまり合意ができていないのだ。2009年サルコジ委員会は、世界を主導する経済学者たちの参加のもと、所得によらない計測のアプローチが重要だと力説し[1]、人間開発、幸福、ウェルビーイングに焦点を当てることを提唱した。この議論への応答として、サビーナ・アルカイア（Sabina Alkire）らが多次元貧困指数を考案し、後に国連の「人間開発報告書」に導入された（Alkire and Foster 2011; Alkire and Santos 2014）。この指数自体はアマルティア・センの考え方に基づくケイパビリティの観点の産物である（以下を参照）。

人びとが現実にどのように暮らしているのかを正面から見つめ理解するた

めには、さらに進んで、特にジェンダーの問題などの世帯内の動態を詳しく調査し、また分配、アクセス、意思表示や発言権についてのもっと広い問題を掘り下げることが必要だ、との主張もある（Guyer and Peters 1987）。この意見では、平等、エンパワメント、承認が重要な要素であり（Fraser 2003）、帰属意識、暴力からの解放、安全、コミュニティへの参画、政治的発言権がウェルビーイングに必須の特質である（Chambers 1997b; Duflo 2012）。さらに、貧困の実態を把握するためには、様々な指標を貧困の持つ多次元の要素と結びつけなければならない、と主張されている。

だが世界銀行の前チーフエコノミストであるマーティン・ラヴァリオン（Martin Ravallion）は、急増する指標をさらに増やす上記のような要求には反対する。というのは、多様な観点からの尺度はわかりにくく、いくつもの判断に基づかねばならず、比較には不向きだからだ、と説明している。むしろ、もっと単純で透明性の高いアプローチは、その限界を認めたうえで、所得に焦点を絞った限定的な尺度に基づくのがいいのではないか、また、複雑な現実の異なった側面を単一の尺度に集約しようとしない単純な「ダッシュボード的」アプローチを目指すのがいいのではないか、と主張した（Ravallion 2011b, c）。

議論は今も続いている。この章では、暮らし方から生み出されるものを測るための様々な選択肢について、洞察をいくつか紹介する。どれにも利点と欠点があり、暮らし方のどの評価方法もその両方を考慮しなければならない。そうした測定方法は私たちが貧困、生計、ウェルビーイングとは何なのかを明確にすることから生じる。物質的な要素に焦点を絞ると、所得、消費、資産の所有を強調することになるし、アマルティア・センが「ケイパビリティ」と呼ぶものに注目する広い見方では、考慮の対象が広がってくる（Sen 1985, 1999）。たとえば、貧困よりもウェルビーイングを強調すると、暮らしの物質的な側面に加えて心理的および関係的側面が目立つことになり、より広範な特性を含めて考察しなければならない（McGregor 2007）。「自由」を強調する社会正義の観点では、エンパワメント、意思表示や政治的発言権、参画の問題にまで視野を広げることになる（Nussbaum 2003）。

また、貧困の規範的見方においては、誰が豊かでなぜそうなのかを考察する必要がある。貧困と不幸な状態とは別々に現れるのではないから、裕福な人と貧しい人との関係や社会において時間の経過とともに現れる不平等の傾向は、暮らし方から生み出されるものを理解するうえで重要だ（Wilkinson and Pickett

2010)。この点で、歴史や政治経済学の視点もまた不可欠であり、不平等をもたらす差異化の過程を探究することも重要になる。

以下では、このような基盤となるそれぞれの視点に基づいて、私たちはどのようにして生計の手段から生み出されるものを理解し、ひいてはどのようにしてそれを計測し評価できるのかを探究する。それぞれのアプローチは、様々な知的伝統と学問分野の伝統に由来する異なる視点をそなえており、それぞれが異なる方法論上の課題を喚起している。私が主張したいのは、すべてのアプローチが異なる点で重要であって、他のアプローチと組み合わせると、有益にも、暮らし方が生み出すものをより十全に理解できるものが多い、ということだ。

暮らし方が生み出すもの：概念上の基礎

ここで、暮らし方とそれが生み出すものに対する異なるアプローチを４つ示そう。すべて多次元的視野を持つが、それぞれ異なる概念上の伝統に立脚している（Laderchi *et al.* 2003 を参照）。

最初のアプローチは、個人と、経済学者のいう効用の最大化に焦点を絞っている。このアプローチは異なる選択肢間や個々の人間でのトレードオフに着目し、どのようにして厚生の成果が達成されるのかを探究する。長い歴史を有する厚生経済学は、19世紀英国のチャールズ・ブース（Charles Booth）（1887）とシーボーム・ラウントリー（Seebohm Rowntree）（1902）が都市の貧困地域における暮らしぶりの変化を調査研究したことに端を発する。彼らは行った分析をもとに、厚生を保障する機構が必要であると主張し、それが後に福祉国家の形で制度化された。人びとの暮らしについてのより定性的な初期の研究以来、厚生経済学者は分析の結果を形式化して、効用を最大化する分配のアプローチを模索してきた。個人主義的で功利主義のアプローチは、ジェレミー・ベンサム（Jeremy Bentham）やジョン・スチュアート・ミル（John Stuart Mill）らを嚆矢とし長い伝統を持つ道徳哲学に由来しており、この道徳哲学は効用を最大化しマイナスの結果を減らそうとする人間の行為を正当化するものだ。

２番目のアプローチは、たとえばジョン・ロールズ（John Rawls）の『正義論（*Theory of Justice*）』での議論を利用するなど、社会正義、公正、自由に関する議論に根差している。「ケイパビリティ（潜在能力）・アプローチ」はより広範な自由と人間開発に注目する（Sen 1985, 1990; Nussbaum and Sen 1993; Nussbaum and Glover 1995; Nussbaum 2003）。アマルティア・センの主張では、人の生活は「何かをすること、行為」と「ある状態でいること、状態」とが組み合わさってできており（センが「機能［functionings］」と呼ぶもの）、そしてケイパビリティは価値ある生活のこうした要素の中から選ぶ、人の自由を通して実現される。このアプローチも個人に焦点を当てるが、より広義の個人であり、人間開発を促進する幅広い要素に目を向ける。マーサ・ヌスバウム（Martha Nussbaum）はさらに進んで「中心となる人間的ケイパビリティ」を列挙した。これに含まれるのは、生命（通常の寿命まで生きられること）、身体の健康、身体の不可侵性（身体への攻撃から守られていること）、生殖と性の選択、実践理性（善き生き方を構想できること）、連帯（他者とともに、そして他者に目を向けて、生きられること）、遊び、自分の環境の管理などである。もちろんこのような側面は普遍的なものであると表現されるが、文化の制約を受け文化によって異なるだろう。だが要点は、その視野は広く、善き生活とは何であるかの概念は、効用の単純で個人的な最大化をはるかに超えている、ということだ。

重複する部分があるが３番目のアプローチは、人の生活の主観的、個人的、関係的な側面により大きく注目する。このアプローチの主張では、幸福、満足、心理的に良好な状態は、他者との関係性を含めた幅広い要因から生じる（Gough and McGregor 2007; Layard and Layard 2011）。したがって低い自己評価、意気消沈、他者からの尊敬の欠如はウェルビーイングを大きく左右することになる。こうした要因は、より功利主義的な評価やいくつかのケイパビリティ・アプローチでは必ずしも正当に評価されているとは限らないが、暮らし方を考察する広範な観点では、どれにおいても中核に位置する。

４番目のアプローチはより広範な社会的、政治的意味と関係が深い。これによると、より平等な社会や向上の機会がある社会において、ウェルビーイングが向上する。たとえば、所得は一定の基本的水準を超えているが、階層的で分断された不平等な国々では平均余命が比較的短く、あらゆる社会問題や健康問題などがずっと多く蔓延していることがわかる（Wilkinson and Picket 2010）。このアプローチの観点によると、個人の暮らしのあり方が生み出すものは広範な社会的、政治的背景のもとで評価しなければならない。というのは、不平等がより幅広い開発を妨げる恐れがあるからだ。不平等は誰にとっても良くないが、とりわけ比較的貧しい人たちにとっては有害だ、とリチャード・ウィルキンソン（Richard Wilkinson）とケイト・ピケット（Kate Pickett）は主張している。

暮らし方が生み出すものについての以上４つの観点は、開発の目標、人間の行為、私たちの道徳や倫理的基盤に関するより深い哲学的前提に根差している。そして次には、これらの概念的な基盤のそれぞれが、暮らし方から生み出されるものを計測する異なる方法を示してくれる。以下では膨大な数に上る選択肢のうち、いくつかを概観する。

暮らし方が生み出す成果を測る

貧困ライン：所得と支出の算定基準

貧困ラインは、この最低基準よりも上や下で生活する個人や世帯の数を計測するためにミクロ経済学者が広く使っているアプローチの一部である。貧困ラインは生活必需品についての何らかの前提に基づいており、通常は金額で示される。こうしたアプローチは、社会的支援を必要とする人たちが誰なのかを見極めて保護する計画を作るうえで重要である。たとえばインドでは、貧困ラインは政府の膨大な計画を進める際の基準として役立っている。しかしその前提、データ、含意をめぐっては論争が続いている（Deaton and Kozel 2004）。

実のところ、計測上の難点が多いために、こうした計測の効力については議論が多い（Ravallion 2011a）。この難点は、貧困の計測に所得を使うのか消費を使うのかをめぐる進行中の論争において浮き彫りになっている。どちらを使うにしても利点と欠点がある。たとえば所得の計測は、所得の豊かさと乏しさを最も直接に計測できるが、数値データを捕捉しにくい所得源に関しては、データを回収するのが困難であるというような実際上の問題を抱えている。そのうえ、所得の計測は変動の幅がかなり大きくなりがちで、特定の時期にしか入ってこない所得の場合には、単一の尺度で捉えるのが困難になる。それに対し、消費の計測はデータの収集が比較的容易であり、不定期にしか購入されないものがあるとはいえ変動しにくい。だがあらゆる側面や主要なトレードオフを全部把握するわけではない（Greeley 1994; Baulch 1996）。

しかし、暮らし方が生み出したもののこうした量的計測のどれもが、個人主義的で功利主義的な物の見方にのみ基づいており、明らかに多くのことを見逃している。

世帯の生活水準調査

生活水準調査は暮らしぶりの変化を世帯レベルで測定するための量的基盤を提供する。生活水準指標調査（living standard measurement surveys: LSMS）は、1980年世界銀行によって設けられて多くの国で利用されており、多くの指標に沿って長期的なアプローチを可能にしている（Grosh and Glewwe 1995）。その指標は主として資産、所得、支出に焦点を絞っているが、教育、健康など他の人間開発指標にも及ぶ。貧困ラインアプローチを発展させたものではあるが、この調査方法も定量可能で計量可能なもの、および分析の単位としての世帯に焦点を当てている。

貧困ラインを計測する多くのアプローチなど世帯調査の他のアプローチと同様に、世帯に注目するやり方は、どうしても世帯内の要素だけでなく（Razavi 1999; Kanji 2002; Dolan 2004）、世帯間の関係もまた（Drinkwater *et al.* 2006）、世帯「クラスター」の一部になってしまうために見落とされしてしまう。世帯が分析単位として持つ制約に関しては長期にわたり議論が続いている（Guyer and Peters 1987; O'Laughlin 1998）。世帯は、食物供給を担う家族内構成という点に焦点を当てて、「同じ釜の飯を食う」人たちの集団であると定義されることが多い。しかし人びとの暮らしは他の要素をもまたいで成り立つことがある。このことは、複婚制で繋がる世帯、子どもが世帯主である世帯、農村と都市の家が緊密に結びついている出稼ぎのタイプに特に当てはまる。同様に、村落内の近親者たちや一群の家は多くの資産や食物供給までも共有することがあり、世帯の単位が曖昧になりがちだ。

人間開発指標

人間開発指標は、国連開発計画（United Nations Development Programme: UNDP）が毎年まとめる「人間開発報告書」の一部によく使われている。先行する指標として、識字率、乳児死亡率、平均余命を強調する身体的な生活の質指数や（Morris 1979）、人間の基本的ニーズアプローチ（Streeten *et al.* 1981; Wisner 1988）が挙げられる。人間開発指数は最初1990年に考案され、平均余命、学校教育、一人当たり国内総生産（購買力平価換算）を含む。それ以来こうした指数を拡大し改善する試みが続いている。

サビーナ・アルカイアら（上記参照）は２つの健康指標（栄養不良と乳児死亡率）、２つの教育指標（学校教育の年数と就学）、６つの生活水準指標（サービスの利用しやすさや世帯の資産を表すものなど）を結びつけ、世帯のデータに基づいて全体的指標を計算している。指標の各クラスターは「人間開発報告書」におけるのと同様に測られる。アルカイアらによると、このアプローチは国内および国家間で多方面での比較が可能である。こうした指数は、国や地域の全体像を示すことに繋がるが、これもまた世帯のデータに拠るので、上記の世帯の生活水準調査と同じ制約を受ける。

ウェルビーイングの評価

すでに述べたように、貧困を計測する標準的なアプローチに対する批判の１つは、所得、消費、資産の物質的側面に焦点を絞りすぎている点に向けられていた。もっと幅広い多次元的アプローチですら、標準的な調査から収集される世帯の量的データに同じように依拠するので、具体的には評価しにくい要素をいくつか見落とすことがある。そこで、ウェルビーイング・アプローチの主張によると、物理的あるいは物質的、関係的、主観的な側面を組み合わせることが、どの評価にとっても重要になる（Gough and McGregor 2007; McGregor 2007; White and Ellison 2007; White 2010）。こうしたアプローチは、たとえば心理－社会的な側面を含むより広範な一連のニーズなどの、生活水準、健康、教育にとどまらない生活上のニーズを設定する。より広範なウェルビーイング・アプローチは、世帯内およびより広いコミュニティにおける個々人に頻繁に注目しており、人びとの暮らしについてのより完全な見方を提供する、と主張されている。センのケイパビリティ・アプローチを基礎的概念として利用しながら、ウェルビーイングの多様な意味と、それがどのように実現されるのか（あるいはされないのか）をよく検討してすり合わせすることが不可欠である。このためには今度はウェルビーイングについての異なる考え方の間で政治的トレードオフを認める必要がある（Deneulin and McGregor 2010）。

生活の質の尺度

ウェルビーイング・アプローチの独特な側面の１つは、生活への満足、肯定感、自尊感情などの心理的要素に注目する点である（Rojas 2011）。希望のなさは、暮らしぶりを向上させようとする意欲、投資、能力に大きく影響するので、貧困の罠のうちで最も人を弱体化させる恐れがある（Duflo 2012）。幸福を計測する単一の尺度が可能だと論じる人もいる（Layard and Layard 2011 を参照）。たとえば、ブータンは仏教の文化や宗教を尊重し深く関与することを促す国家的取り組みの一環として、幸福を追跡する指標を開発した。他方で、ウェルビーイングの心理的側面は物質的側面と同様に多元的であり、単一の指標には包摂されない、と論じる人もいる。その論者たちは、たとえばOECDのより良い暮らし指標におけるのと同様に、尺度の多様性を主張する[2)]。

雇用とディーセント・ワーク

もう1つ有望な指標は、フォーマル、インフォーマル両方の雇用によって創出される暮らし方に焦点を絞っている。たとえば国際労働機関は、雇用を生み出し、権利を保障し、社会的保護を拡充し、話し合いを促進する観点から定義されるディーセント・ワーク〔働き甲斐のある人間らしい仕事〕の創出を強調する[3)]。これには農耕地や圃場外での仕事、家事労働も含まれるし、その他フォーマルな仕事が含まれる。賃金や労働条件に加えて、柔軟性や権利などの基準に基づいて仕事を定性的に評価すると、働き甲斐のある人間らしい仕事ができる日数がどのくらいあるかの算定が可能になる。これは所得ないし消費から割り出される貧困ラインに焦点を当てるのとは大きく異なる尺度を表しているが、暮らし方の別の重要な側面を反映する可能性を持っており、適切にも、異なる様々な種類の仕事および雇用に注目している。

不平等の評価

暮らし方が生み出すものについてのこうした尺度および測定はすべて、その分配の観点から評価することができる。たとえばジニ係数は均等分布からの相違度を測っており、他の統計上の尺度もそれと似た指標を提供している[4)]。同様に、多様性の尺度は選択肢のポートフォリオのうち異なる要素間における相対的重要性を測るのに役立ちうる。また、そのような選択肢を、暮らしを営む「過程（“pathways”）」の一部として拡大することに関する議論を活発化することにもなろう（Stirling 2007 を参照）。

こうした測定は世帯内部から国や地域のレベルに至るまで様々な規模で行うことができる。前の方で触れたように、リチャード・ウィルキンソンとケイト・ピケットは著書 *The Spirit Level* において幅広い基準で不平等を評価し、暮らし方が生み出すものを国レベルで考察した（2010）。その結果、いったん豊かさのある基本閾値を超えた場合に、不平等が大きな影響を与えることに気づいた。不平等に焦点を当てると、暮らし方が生み出すものに対して、心理－社会的および行動上の複雑な変化を通じて影響を与える社会には、どんな構造的特徴があるのかという点に注意を向けることになる。

ここで階層に基づく分析のアプローチを援用すると、なぜある人たちにとって、特定の暮らしのあり方の選べる選択肢と選べない選択肢があるのかを説明しやすくなる。周縁部にいることは、社会における広範な権力関係の点で何を意味しているのだろうか？ 土地の分配や土地所有構造、資産の所有権の型、労働形態などの特徴を分析すれば、そのようなよりはっきりした評価ができるかもしれない。マルクス主義の伝統から出てくるこうした根本的な問題は、暮らしのあり方を政治経済学的に分析する際の中核なので、後続の章の多くの箇所において繰り返し論じることにする。

多次元的な計測基準と指数

こうした尺度および計測評価のアプローチはすべて有用であり、また言及した通り制約もある。ではそれらのうちの最良のものを組み合わせて単一の計測基準や指数を作り、貧困、暮らし方、ウェルビーイングの多次元の性質を捉えることが可能であろうか？

これは長く議論されてきた事柄で、多次元貧困指数アプローチ（Alkire and Foster 2011; 上記参照）の提唱とともに近年特に目立つようになった。多次元貧困指数アプローチはセンのケイパビリティ・アプローチと結びついた広範な視野を持っているので、運用方法における実際的な欠点を突き止めることができる、と提唱者たちは主張する（Alkire 2002）。

このアプローチが今のところ最も目立っているが、多次元的測定評価を試みる唯一のものではない。実のところ、異なる尺度を結合して単一のものにしようとするあらゆる種類の指数や順位づけが次々に登場している。人びとの暮らしは複雑で、貧困や不幸な状態には様々な原因があることを認めるとしても、こうしたアプローチには多くの問題点がある。

当然ながら、細心の注意を払って前提が想定され重点が配分されてはいるが、指標は事柄を明らかにするのと同じくらい隠すこともある。指標は分析する側の物の見方と世の中についての理解の押し付けであることを免れず、だから専門家主導で外部者による規定にならざるをえない。したがって、こうして得られる尺度はいくぶん恣意的で、自由主義的な西欧の見解を反映することが多い。同様に、指標を選ぶにあたり、どのデータを取り上げ、どれを除外するのかを見極めることも難しい。複数の指標が結合されたとしても、貧しいとされる人たちとそうでない人たちとの境界線は見えなくなり、政策の決定が困難になる（Ravallion 2011a）。それに対し提唱者たちの反論によると、常に前提は明確にそして透明性を確保して提示されており、わかりやすい順位づけはより良い政策を牽引できる。このために、割り切ってもっぱら所得の指標に依拠するやり方よりも、いっそう広範な施策を考慮することが可能になる。

この議論を決着させる簡単な解決法はない。もちろん何を選ぶかは、個人的な、また分野や制度上の好みや傾向を反映するし、多くの事柄と同様に貧困の計測とウェルビーイングの評価における一時的な熱狂や流行に影響されることもあるだろう。しかし、ある特定の尺度が有する政治的な力には慎重であるべきで、また明文化されていなくても当然視されている前提が存在し、単純化がなされていることに警戒を怠ってはならない。こういうわけで、暮らし方が生み出すものについてのいかなる評価も個別地域の状況に根差していなければならず、これをもとに理解を築き上げなければならないのであって、調査のデータとそれから引き出される関連した順位づけや指標を額面通りに受け取るべきではない。複数のやり方と分野横断的なアプローチは人びとの暮らしの分析にとって常に最も手堅い（Hulme and Shepherd 2003; Hulme and Toye 2006）。だから先ほど概観したように、アプローチの制約だけでなく潜在的な有用性について知ることが重要なのだ。

誰に関する指標が重要なのか？

参加型アプローチと民族誌的アプローチ

上記で注目した計測のアプローチの大半が繰り返し批判されている点は、どのデータを取り上げてどのように結びつけるのかを選択することによって、人びとの暮らしと貧困についての見方などの世界観を押し付けている、というものである。この批判の中身は、多くのデータを集計した多次元的アプローチに対するのと同じくらい単一の貧困ラインの尺度に対しても当てはまる。そのような家父長主義的アプローチで計測を行うと、それに対する対応も、誰が援助にふさわしい貧しい人で、何を必要としているのかについての前提を含めて、家父長主義的になる（Duflo 2012）。

様々な背景において貧困に喘ぐ生活を民族誌的に説明すると、問題の別の捉え方をすることができる。トニー・ベック（Tony Beck）は自著 *The Experience of Poverty: Fighting for Respect and Resources in Village India*（1994）において、インドの西ベンガルの村人たちの観点から貧困の経験をとても深く掘り下げて叙述し、たとえば、共有資源へのアクセス取得や家畜管理をめぐる日々の苦闘、交渉、駆け引きに光を当てている。さらにベックは、こうした状況下では尊重されることが資源そのものと同程度に重要であることを指摘する。ベックは、富裕者に対する貧者の物の見方や、自らにふりかかる抑圧と暴力のせいで貧困に陥っている人たちの物の見方だけでなく、富裕層と貧困層との力関係、男性と女性との力関係を際立たせている（Beck 1989）。実際に生きられたこうした具体的な経験、つまりイーミックの観点から暮らしを理解すること、および物事の捉え方、社会的関係、権力の力学に光を当てることは、長きにわたり社会人類学研究の目標であった。しかし、こうした親密で個人的な経験を外部者が解釈することには、常に予断と誤解がつきものである。

ジョーダ（N.S. Jodha）は、インドの西部ラジャスタンについて長期にわたる優れた調査研究を行っており（1988）、1963〜66年と1982〜84年の２期にわたって、貧困の標準尺度を、参加型調査の観点からのウェルビーイングに関するより定性的な指標と比較した。貧困の標準的測定基準では貧困だと判定された世帯が、経済面でのウェルビーイングのより定性的な評価を使った場合には、もっと暮らし向きが良いと見なされた。貧困の評価、ひいてはもっと開発経済一般についてのこの少数派の見方は、暮らしの豊かさに関する研究が示すもっと広範な枠組みに注目するよう指摘している（Hill 1986 を参照）。

従来の尺度から抜け落ちた多くの事柄は、共有資源へのアクセス、マイナー作物の収穫、インフォーマルな労働の種々の形態などであった。さらに農民たちは、地主への依存度合いの低下、人の移動の増大、現金が入手しやすくなること、耐久消費財が購入しやすくなることなどの、大幅な改善をもたらす他の重要な変化を強調した。こうした変化のすべては、農民から見ればウェルビーイングを改善したのであるが、標準的な調査では見落とされていた。ジョーダは従来のアプローチで抜け落ちる分野の一部を明らかにしており（図表2.1）、融合法的アプローチを採るべきだと強く主張する。

図表2.1　見落とされがちな農村の暮らし方の複雑さ（出典：Jodha 1988: 2427）

概念と規範	対象となる側面	見落とされがちな側面
世帯所得	現金と物資の流入（取引されない主要項目を含む）	所得創出活動の時間的背景および取引相手の背景を見落とす。価値の低い自助努力の活動だが、足し合わせると人びとの生活維持への重要な貢献となる活動の結果を見落とす。
農場生産	全農業経営部門の生産	一連の中間的な活動（消費活動と見なされることが多い）を見落とす。その活動は自助努力型社会において農業経営部門の最終生産の産出を促進する。
食物摂取の全体	一定の形式によって記録された食品項目の量と質	自己調達する食品やサービスの、季節により異なる流れを見落とす。
世帯の資源の有無	個人所有の土地、労働、資本資源のみ	世帯が集団として、共有資源、さらには権力や影響力にアクセスすることを見落とす。
要素市場／製品市場	自由競争で、人間関係の薄い相互作用の枠組み	影響力、権力、親密さ、不平等などの要因による歪曲、不備などを見落とす。
農場規模によるグループ分け	保有し運営している所有地（生産性を上げ灌漑をするために標準化されていることが多い）	共有資源へのアクセスと世帯の労働力を含む資産状態の全体を見落とす。この資産全体が、生活維持のために土地資源と環境を利用する最大限の可能性を左右する。
労働の投入	個人と時間や日数ベースで表される標準単位での労働（年齢、性別に基づく差異化はない）	スタミナと生産性の相違の点から同じ年齢／性別の労働を見た場合に生じる不均質性を軽視する。自営の労働者と雇われ労働者間の努力における度合いの相違を見落とす（自営の労働者の労働の価値を、非正規的不定期労働者や借金返済のためにタダ同然で働かされる労働者［attached labourer］の賃金と同様に扱われるため、帰属計算*）が適切に行われない）。
資本形成	資産の取得	拡大する過程を見落とす。
資産の減価償却	資産の価値逓減の記録	続けて使用し再利用できることを見落とす。
効率／生産性の基準	活動の最終生産物の量と価値（市場基準に基づく）	単一の基準ではなく複数の目標を満足させるように作られたシステムの全体を見落とす。

1990年代に貧困測定の参加型アプローチは、世界銀行の積極的な取り組み*Voices of the Poor*によって大きく広まった（Narayan *et al.* 2000）**）。この取り組み

*）家事労働のように経済学上の効用・価値は計上されないが、文脈によって一定の価値があることとみなすこと。

**）ナラヤン他『貧しい人々の声』“Voices of the Poor” 翻訳グループ訳、世界銀行東京事務所、2000年。

では債務を抱える貧しい国々の調査がなされた。この調査は生きられた具体的な経験を、23か国における大規模な「聞き取り」作業を通して把握する試みであった。その結果はどうしても多少の解釈と総合化をせざるをえないけれども(Brock and Coulibaly 1999)、世界銀行が中心となってまとめた全体像は、暮らし方と貧困に関してこれまでとは大変異なる見解となり、とりわけ暴力、不安定さ、自己の固有性、肯定感を強調するものだった。

こうしたアプローチによって、2015年以降の持続可能な開発のためのアジェンダに焦点を絞る近年の取り組みが促進された。それには、現場からの意見を汲み上げて広域の活動へと繋げる試みである参加イニシアティブ（Participate initiative）[5)]と、世界の人びとの幅広い規準に基づいた意見を共有するためのウェブインターフェイスである*My World*が含まれる[6)]。

富裕度の順位づけ、あるいは成功、貧困、ウェルビーイングに関する様々な変数のランキングは、現場をベースに置く高度の技術を要するアプローチである。貧困とウェルビーイングの順位づけは多次元的で複雑なものであって、諸要素を分解したうえで消費、所得、雇用均等などの点での評価に従った洞察を行うものではない。だとすれば、なぜ問題を人びとそのものに向け返さないのか？ 富裕度の順位づけは、コミュニティにおける富の格差の形態に関する議論を喚起するための単純明快な方法として作られた。それには世帯名簿をもとにコミュニティのメンバーに関する情報カードを整理する作業が含まれる(Grandin 1988; Guijt 1992)。初めに、富裕度（あるいは他に関心のある尺度であればどれでもよいのだが）を測る用語で、地域で使われているものを確認し合い、それから情報提供者の情報カードを選定してグループ分けし、そしてスコアを組み合わせることで全体の順位づけを行う。その結果が、標本抽出を改訂するために利用される。だがここでもっと重要なのは、順位づけの過程で生じた話し合いが、現地の人たちが富をどのように認識しているのかを定義する基準について、実に多くの事柄（しばしば全く予想だにしなかったもの）を明らかにしてくれる点である。

たとえば、富裕度の順位づけの一連の作業が南ジンバブエのマシワ（Mazvihwa）地区における長期的な暮らしの調査の一部として行われた（Scoones 1995; Mushongah and Scoones 2012）。最初は1988年に、２度目は2007年に、男性の集団と女性の集団の両方が、選ばれた同じ世帯の順位づけを行った。富裕度の理解に関して男女間で異なる認識が示され、集団の順位づけをめぐるジェンダー間の相違が明らかになった。数回にわたり順位づけが繰り返し行われ、その結果、基準がどのように変化してきたのかが明らかになり、より新しい順位づけは遷移マトリックスにおいて比較された。どの順位づけにおいても有形資産ないし所得だけの狭い視野はなく、より広い観点が見られた。それは富裕度に関するウェルビーイングの概念の方により類似したもので、この参照文献で強調されている通りである。さらにいえば、個々の世帯の順位における変化を見ると、暮らしを構成する資産が年とともに変化していることが明らかで、向上した世帯もあれば変わらないか悪化した世帯もあった。こうした推移の理由が研修会で取り上げられ、順位づけされた集団間で比較された。暮らしぶりの変化に関する重要な洞察は、多くの基準（経時的におよび順位の集団間で明確に異なるが）を結合することを通じて複数要素の順位を提示することから得られる。ジンバブエの事例でのように富裕度の順位づけアプローチを長期調査の一部として繰り返し適用すると、暮らしぶりがどのように変化するのかが明らかになり、しかも多くは予測可能な筋道でない形での変化が明らかになる。不慮の出来事、偶然の事柄、危急の事態はすべて、人びとが序列化の中を上下する時に関与している。同様に、ウェルビーイングの異なる様々な側面が強調される場合には、基準が時間とともに変化する。経年での暮らしぶりに関する分析に対する固定的でないこのアプローチは、どの状況においても重要だ（Rigg *et al.* 2014 を参照）。

もちろんそうした順位づけの方法には制約がある。第１に、順位づけの当事者が世帯内での特定の個人の重要性や相違を努めて強調するとしても、計測の単位として世帯に注目すると、世帯内での動態を見落としがちになる。第２に、そうした尺度は基準が変化し基準値が変動する場合には比較に値しなくなるから、どんな理解も相対的にならざるをえず、絶対的なものではない。第３に、富の特定の属性、ないし富があることから生じる相互扶助がもたらすウェルビーイングの特定の属性を明確にするにあたっては、集団内部での個々の世帯の位置づけが重要であるにもかかわらず、世帯間の関係が必ずしも明らかになるわけではない。

しかし、そうした順位づけのアプローチは、暮らしぶりの変化や差異化の型を理解するためのより優れたツールボックスの一部としては、果たしうる役割を持っている。７章と８章で、暮らしのあり方の細部を具体的に掘り下げるための方法をさらに詳しく説明するつもりである。その際に民族誌的アプローチあるいは政治経済的アプローチを利用する。というのも、そうしたアプローチは農村社会のより広範な構造的および関係的特徴に注目するからだ。

貧困の動態と暮らしぶりの変化

私たちは暮らし方が生み出すもののうちで、時間の経過に伴う変化に関心を向けることが多い。単一のスナップショット的描写は、たとえどんなに多次元的であったとしても、暮らし方における動向、推移、転換ほどは興味を惹かないのだ。貧困の動態に関する調査によって（Baulch and Hoddinot 2000）、貧困の推移における資産の閾値が重要であること（Carter and Barrett 2006）、および暮らしが生み出してきたものが時間とともに、しかも一様ではない形で変化するさまが、明らかになる。繰り返すが、最適なアプローチには定性的方法と定量的方法を組み合わせることが必要である（White 2002; Kanbur 2003; Kanbur and Shaffer 2006）。

貧困への転落は突然生じることがある。貧困から抜け出す過程が長年かかることもある、ゆっくりとした歩みであるのと対照的だ。暮らしの脆弱性（Swift 1989）とレジリエンス（Béné *et al.* 2012）に注意を向けるアプローチは、長期にわたるストレスや突然の衝撃の影響を相殺する要素に力点を置き（Chambers and Conway 1992）、人びとがいかにして「這い上がり」、「脱出し」、「持ちこたえ」、「諦める」のかを探究する手がかりを与えてくれる（Dorward 2009; Mushongah 2009; 本書第３章を参照）。

一時的貧困と慢性的貧困との間には重要な相違がある。慢性的貧困は多方面にわたる陥穽（かんせい）という特徴を持っており、それには不安定さ、制約の多い市民権、不利な場所にいること、社会的差別、乏しい就業機会などが挙げられる（Green and Hulme 2005; CPRC 2008）。

長期的なパネル調査、生活史、その他の定性的な手法を経年で使用すると、暮らしを立てていくための様々な戦略間の推移を分類する閾値を突き止めることができる。こうした動態を明確にするにあたっては、資産がとりわけ重要だろう（Carter and Barrett 2006）。

暮らし方の発展過程に影響を与えるのが、変化する脆弱性へのこの臨機応変な対応だ。ナイラ・カビール（Naila Kabeer）のバングラデシュについての研究は、暮らしぶりの階段を上る世帯の動きがどのように頻繁に増大するのかを例証している（2005）。たとえば、まず小型の家畜の飼育から始めて、より大型の家畜に進むかもしれない。また収穫した農産物の一部を地主に納める小作から始めてのちに借地での農業に移行し、続いて農地を購入するかもしれない。人力車を借りての運転から自前の人力車の運転へ、さらには人力車を購入し貸し出す事業に乗り出すかもしれない。だがとても頻繁に後退したり財を失ったりする人が出てきて、時が経つと暮らしぶりの階段の上下を移動し暮らし方の戦略を変更せざるをえなくなる。経年における変化を特徴づけるのは、特定の陥穽だけでなく、こうした高度にジェンダー化された暮らし方の様々な戦略が、相互に活発に影響する作用なのである。

ウィリアム・ウォルマー（William Wolmer）と私はアフリカの現場の至るところで現れる暮らし方の多様な過程をこう説明した。「暮らし方は過去の行動から創り出され、決定は特定の歴史的、農業生態的状況においてなされ、制度や社会的取り決めによって絶えず具体化される」（Scoones and Wolmer 2002: 27）。暮らしぶりの変化の過程について考えてみると、人によって異なる仕方で反応し、その人独自の経験と経歴で知識を得るのであるから、似た状況から実に異なる暮らし方が現れうることがわかる（de Bruijn and van Dijk 2005）。だから、数々の文化の蓄積を反映しながら異なる暮らしのやり方が現れることがあるのだ（de Haan and Zoomers 2005）。

衝撃やストレスに効果的に対応する能力は脆弱性を軽減するために不可欠だ（Chambers 1989）。人びとの暮らしは、レジリエンスの不足、および変わりやすい状況に対応する際に必要な適応能力が欠如しているせいで脆弱になる。対処方法に注目することは長い間暮らしに関する研究の一部であったが（Corbett 1988; Maxwell 1996）、とりわけ気候変動の状況においては、適応能力とレジリエンスについての幅広い理解にまで注意が向けられるようになってきた（Adger 2006）。こうした柔軟でうまく反応し新たな状況に適応する暮らし方が、長期にわたる暮らしぶりの変化についての調査研究で明らかにされている。たとえば、マイケル・モーティマー（Michael Mortimore）（1989）とサイモン・バタベリー（Simon Batterbury）（2001）のアフリカのサヘル地域についての研究は、巧みな反応で適応することが暮らしぶりの変化にとっていかに重要であるのか、またこのような能力を補強することがいかに開発に不可欠なのかを強調している。

広範な構造的制約もまた悪影響を与える。対処し適応しようとしても、特に貧しく脆弱な人たちにとっては限界があるからだ。だから、社会的排除や不利益な結合をつくり出す制度的および政治的要因は機会を制限することになり、人びとは貧しく脆弱な状態から抜け出すことができないかもしれない（Adato *et al.* 2006; CPRC 2008）。こういうわけで、変化を生み出しうる介入が、そうした構造的な制約を取り除くことを通して、潜在的力を顕在化するために必要とされることになる。その一例が、土地の再分配などの資産の移譲に焦点を絞る社会保護対策のような介入である（Devereux and Sabates-Wheeler 2004）。

このように、暮らし方の推移、変化、およびその道筋を考察する際には、たとえば外部からの衝撃やストレスに対応する能力を示す指標などのような、暮らし方が生み出すものを吟味するきわめて異なる多様な指標が必要になる。経年でそれを吟味するには、より動態的な視野が要求されるのである。

権利、エンパワメント、不平等

暮らし方の変化は権利とエンパワメントの形においてもまた現れることがある。エンパワメントおよび関係者の包括的な参加を通して権利が強化される場合に、暮らし方が改善する、と主張する論者は多い（Moser and Norton 2001; Conway *et al.* 2002）。開発に対しては権利に基づくアプローチが重要であること、および暮らしに関する権利が、暮らし方が生み出す好ましいものの中核にあることが指摘されている。これが照射する的の１つは、発言を封じられること、市民権剝奪、差別という排除を全面的になくすことであり、そうした差別は階級、ジェンダー、性別、民族、能力や障害などに関係している。このアプローチにおいては、貧困と暮らし方の評価への個人主義的アプローチを越えて、もっと関係性を考慮するアプローチ（Mosse 2010）や、暮らし方が生み出すものの中核をなすものとしての政治的発言権や意思表示、参加、エンパワメントの問題を強調するアプローチ（Hickey and Mohan 2005）にまで進めていくことが提唱されている。

これまで議論したアプローチの多くは、個人あるいは世帯レベルでの、暮らし方が生み出すものに注目する。暮らし方と農業・農村の変化への政治経済的アプローチは（第６章を参照）、分配問題、とりわけ農村社会における蓄積と差異化の型に焦点を当て、広範な視野を提示している（Bernstein, Crow and Johnson 1992）。

このように政治経済学に基づいて、暮らし方を評価するアプローチは、そのようなプロセスと暮らし方が生み出すものとを左右する構造的特徴を考察しなければならない。この特徴には、異なる階級の身分によって決まる、土地所有、労働、資本の型などが含まれる。資本主義の広範な経済的、政治的プロセスは、特に現代のグローバル化した新自由主義の形で、誰が誰を支配してどんな結果をもたらすのかを明らかにしている（Hart 1986; Bernstein 2010a）。現代の資本主義は貧困に対する関係的なアプローチを必要としており、このアプローチは、たとえばジェンダー、民族的背景、宗教、身分制度によって「労働の序列化（classes of labour）」や「関係の分断」がいかにして生じるのか、また様々な状況に置かれている人びとがいかにして生産と再生産の機会にアクセスするのか（Bernstein 2010b）について考察するのである。

結　論

この章で簡潔に紹介した、暮らし方が生み出すものに対する各アプローチは、開発の目的、つまり良い生活を確保するためには何が必要なのか、についての異なる哲学的前提によって補強されている。したがって暮らし方が生み出すものとその評価をめぐる議論は、暮らし方の意味するところ、すなわち暮らしに関するどの分析においても問題解決への重要な詰めの一手、を明確にする手がかりを提供してくれる。

測定評価のアプローチが及ぶ範囲は、集団における所得の形態や消費の貧困さについての非常に狭い個人主義的計測から、ウェルビーイングや人間のケイパビリティについてのより定性的計測評価に、さらには蓄積と差異化の関係的な様相および集団間の分配面での関係についての広範な構造的分析にまで広がっている。こうしたアプローチは多様性の説明に役立つにすぎず、もっと多くのものが追加されうるだろうし、異なる分類がなされることもありうるだろう。それにもかかわらず、これらのアプローチはどれも様々に異なる点で有益な洞察を提示している。

学界でつまらない縄張り争いをしているだけでは、暮らし方が生み出すものを測定評価する正しい方法が見つからないのはいうまでもない。どのアプローチも複雑な事柄に対して不完全にならざるをえないが、異なる認識の視点を提供している。議論したように、どのように分析の基準枠を作るかが、どの尺度や基準が選ばれるのかを左右する。暮らし方ということで何を意味するのか、良い生活のために何が必要かなどを考えながら、こうした枠組みづくりを根気強く問い続けることが重要なステップであり、そこにおいては関係する人たちの活発な参加が必要になる。枠組みが異なると結果も大きく異なるだろうし、外部の研究者、さらにはコミュニティ内部の有力者による押し付けは、どんな厳密な分析においても不適切であることは明白だ。同様に、様々なアプローチと尺度を俯瞰しかつ細部まで見据えることは、トレードオフ、相違、基底にある前提の含意を吟味する優れた方法を提供してくれる。第８章において私は暮らしぶりの測定評価のための方法をめぐる事柄に戻るつもりだが、まずは、暮らし方を評価するアプローチが私たちの理解をどのように深めてくれるのか、そして様々な要素がどのように発見的な枠組みに、つまり様々な可能性を探りつつ問題解決を模索するための枠組みに組み込まれるのかを問う必要がある。

◉原註

1）www.stiglitz-sen-fitoussi.fr/en/index.htm

2）www.oecdbetterlifeindex.org/

3）www.ilo.org/global/about-the-ilo/decent-work-agenda/lang--de/index.htm

4）Web.worldbank.org/WEBSITE/EXTERNAL/TOPICS/EXTPOVERTY/EXTPA/0,,contentMDK:20238991~menuPK:492138~pagePK:148956~piPK:216618~theSitePK:430367,00.html

5）www.ids.ac.uk/project/participate-knowledge-from-the-margins-for-post-2015

6）www.odi.org/projects/2638-my-world

第3章
暮らし（生計）の分析枠組みとその先にあるもの

前2つの章では、人びとの暮らしが複雑で多次元からなり、時空の面で多様で、社会的に差異化されていることを示した。その暮らしには、個別地域の状況から、もっと幅広く構造的な政治的、経済的プロセスに至るまで、多くの要因が影響する。何が誰に対してどこでなぜ進行しているのかを把握するのは容易でない。

より広い枠組みは、それに基づいていかに行動すべきかを考えるためだけでなく、そうした複雑さを理解するためにも役立つことができる。枠組みは、物事がどのように相互作用しうるのかを発見するのに役立つ単純化したモデルにすぎない。枠組みが示すのは、諸要素がどのように関連しあって、その間で何が生じるのかについての仮説である。それは現実を叙述するのではなく、考えるための指針なのだ。暮らしを分析する枠組みは1990年代後半に多種多様に激増したため混乱が生じるほどで、グーグルで「持続可能な生計」をちょっと検索するだけでそれがわかる。

中でも断然一番有名なのは、英国国際開発省（DfID）の持続可能な生計の枠組みとなったもので、様々に変形され解釈された（Carney 1998, 2002; Ashley and Carney 1999; Carney *et al.* 1999）。第1章で言及済みだが、これはある調査研究チームによって作られた枠組みに由来する（Scoones 1998）。この枠組みは繋がりのある簡明な一連の問いを立てることで、バングラデシュ、エチオピア、マリにおける調査研究のための指針として使われた。

> 特定の（政策の状況、政治、歴史、アグロ・エコロジーないし社会－経済的状態に関する）背景があるとして、暮らしを営むため（生計）の資源（「資本」の様々な型）のどの組み合わせが暮らしを営むための戦略（農業の集約／拡張、生計の多様化、人の移動）のどの組み合わせにうまく適応できる能力を

> 生み出して、どのような成果をもたらすのか？ この枠組みに対する特定の関心のうちで、そうした戦略を実行し、そうした成果をもたらす（あるいはもたらさない）能力を発現させるのは、（フォーマルおよびインフォーマルな制度や組織の土台に埋め込まれた）制度的なプロセスである。(Scoones 1998: 3)

このようにその枠組み（図表3.1）は、人びとの暮らしの背景を、暮らしを構成する単位である資産とともに、戦略（農村の実際の文脈の中での農業生産、農外活動における多様化、その地域から出ていく移住者などの状況に応じて様々である）や、暮らしによって生み出されるもの（第２章で論じたように様々な指標にわたっている）と関連づけている。以下の図のまん中の囲みで示しているように、制度と組織がこの分析の枠組みにおける根幹の要素である。というのは、制度と組織こそが、様々な人たちのために資産を活用し、戦略を立てて実行し、成果を生み出しやすくするプロセスと構造とを状況に適応した形で作り出すからだ。このように枠組みは、多くの分野横断的な研究チームにとっては、現地調査を系統的に組み立てることを目的とした概略図として、簡潔なチェックリストになる。

概略図のチェックリストから枠組みへの移行、より正確には、固有名詞としての「持続可能な生計の枠組み（Sustainable Livelihoods Framework）」ないしはSLAと表記される「持続可能な生計アプローチ（Sustainable Livelihoods Approach）」への移行は、1998年に生じた。英国において国際開発省が設立され、貧困軽減への取り組みに対する持続可能な暮らし方を評価するアプローチが白書に記されるのに伴い、以前の天然資源省（Natural Resources Department）が生計省（Livelihoods Department）に編成され、のちに持続可能な暮らし方支援オフィス（Sustainable Livelihoods Support Office）を持つに至った。助言を行う委員会も設立され、ダイアナ・カーニー（Diana Carney）を長とし、その後ロンドンの海外開発研究所（Overseas Development Institute）の委員会となった。この委員会は、様々な省出身の国際開発省の職員、私を含め研究機関やNGOなど外部のメンバーから構成されている。委員会は、持続可能な生計アプローチがどのように機能するのか、新たな開発分野での相当量の財源がどのようにして人びとの暮らしを取り巻く要素に的を絞った貧困軽減策に向けられうるのか、などの検討を行ってきた。人びとを対話へと結びつけ、そうした生計アプローチの考え方を説明し、しかも「具体化し実現する」ような、簡潔で包括的なアプローチが必要とされたのだった。

図表3.1　持続可能な生計の枠組み（Scoones 1998）

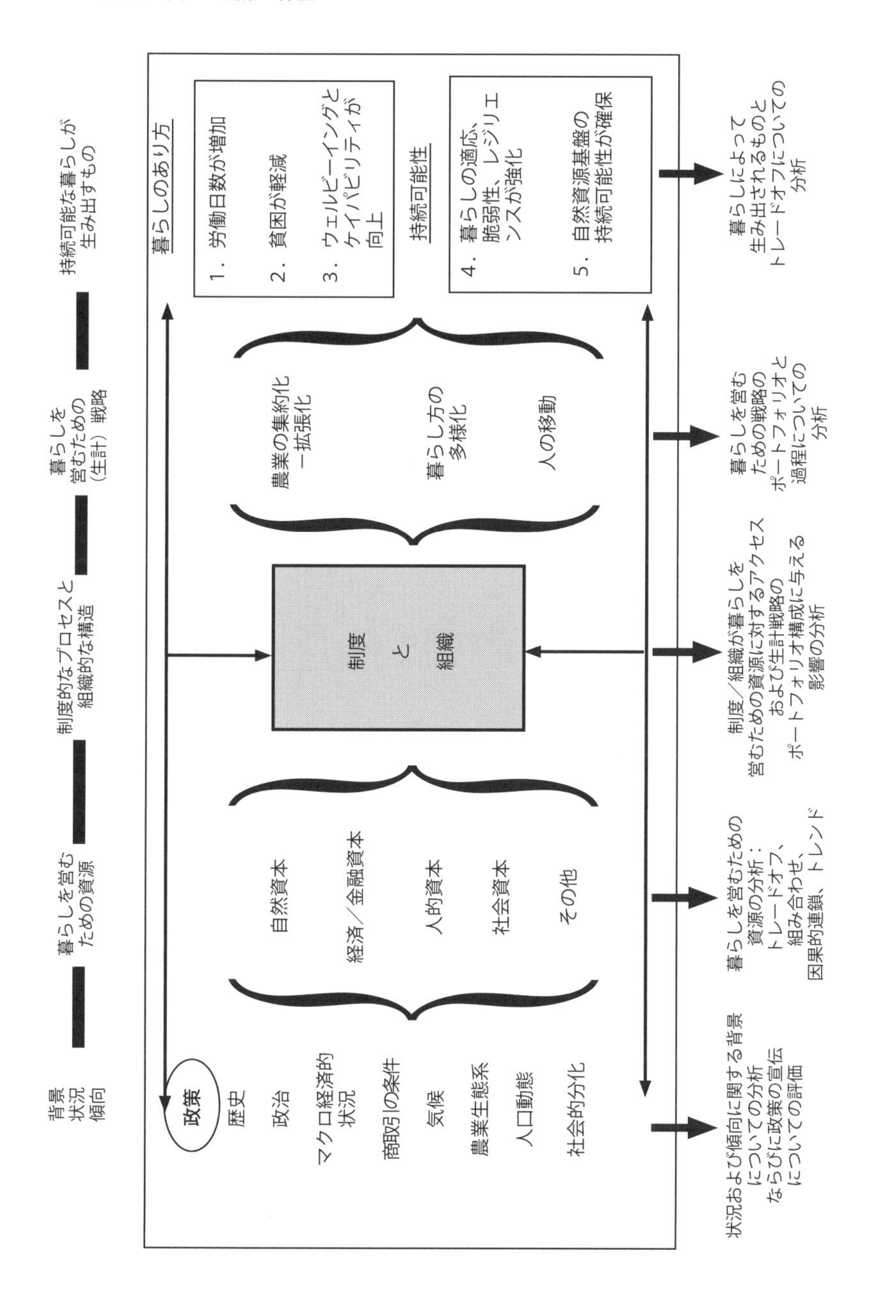

その理念の背後に資金と政治的手段の支えがあれば、そして今風なものとしては手引き書つきでよく知れわたって興味を引きつける枠組み、ネットで使える学習指針と育成法の詰まったツールボックスが、ネット上での「ライブリフッド・コネクト（Livelihoods Connect）」[1]ネットワークを通じて共有されていれば、その概念は賛同者を増やしながら広がっていけるだろうし、また同時に誤適用と誤解も生じることになるだろう。英国国際開発省と並んでNGOの諸団体も重要な役割を果たした。Oxfam、CAREなどの団体が生計アプローチを練り上げるための新しい考え方と現場の経験を持ち込んだのだ。国連開発計画が関心を持ったのと同様に、食糧農業機関（FAO）を通じても関心を向けるようになり、そうして暮らし方を評価する多種多様なアプローチが出現した（Carney *et al.* 1999）。その後、このアプローチへの関心が加速度的に増加した。中核となる専門家集団が英国国際開発省や他の組織において形成され、人びとの暮らしを評価する暮らしのアプローチを用いるコンサルタント業務が盛んになった。ほどなく諸機関の間の様々なアプローチの比較検討がなされるようになり、「持続可能な生計の枠組み」の多種多様な型についての解釈の違いや適用の相違が明らかになった（Hussein 2002）。

暮らし方に注目する考え方の擁護者は２国間の援助機関、国連、NGOなどの広範な集団を代表しており、どれもがボトムアップで人間中心の統合的なアプローチに開発の足場を置いていた。対立するものはほとんどないように思われた。だが先頭集団の勢いがつきすぎて批判的な議論の応酬を欠いていたのだ。枠組みの様々な側面の持つ良い点と悪い点に関する内部の議論は続いたが、さらに広範な事柄をめぐっては審議されてもたいして実行には移されなかった。

後続の章で、私はこうした議論を考察して、暮らし分析のアプローチがどのように拡張され洗練され再び存分に活用されうるのかを示そうと思う。この章の続く４つの部分において、暮らし方を評価する枠組みについての議論に焦点を絞るが、それによって、調査研究と開発を目指す暮らし分析のアプローチが持つ概念上および方法論上の課題が浮き彫りになる。

人びとの暮らしの背景（context）と戦略

人びとが現実に行っていることと、人びとの行動を制限ないし促進する要因の、どちらがより重要だろうか？ 答えはもちろんどちらでもない。だが、（農民、家畜飼育者、森の住人などの）個々の行為主体に焦点を絞り、柔軟で適応力のある戦略の擁護者と、何が可能で何が可能でないかを左右する、広範で構造的な政治経済上の影響力に焦点を絞る擁護者とは、長期にわたり論争を繰り返してきた。

第１章で触れたように、暮らしの評価に関する1980年代と1990年代の研究の多くは前者に光を当て、人びとの暮らしの営みの豊かな多様性を称賛し、資産と所得の乏しい人びとが様々な状況で暮らしを営む手段を創り出す、驚くほどの創意工夫の才を高く評価した。スザンナ・デイヴィース（Susanna Davies）の *Adaptive Livelihoods*（1996）やロバート・ネッティング（Robert Netting）の *Smallholders, Householders*（1993）のような草分けの研究は、農民がどのようにして厳しい状況下で適応し、新たな活路を切り開いて生き延びてきたのかを調査検討した。そののち、とりわけアフリカにおける農村調査の分野で多くの研究者が続いた（Wiggins 2000）。社会地理学、人間生態学、人類学の分野を援用しつつ、皆がミクロレベルの農村調査を中心に置いていた。

こうした調査の多くは、「背景」を重要視しておらず、正面から取り上げることはなかった。調査研究が行われたのは権力の中枢から離れている所が多く、そこでは地域の関係者たちが広範な政治的プロセス全体を支配している。おそらくこうした調査は、いわゆる農村の変容についての先行するマルクス派の構造化しすぎた決定論的な分析に対する反発なのだろう。地域固有の知識と地域の関係者が、支配的で横柄な国家や外部者による開発の力を押し戻す、という構図に繰り返し焦点が当てられた（Richards 1985; Long and Long 1992）。

けれども、国家やエリートたちの役割、事業利益の支配力、新自由主義的な資本主義の影響、グローバリズムの力、交易条件などの構造的特徴の分析を、単なる「背景（“context”）」という一言で片づけるのは、明らかに行き過ぎである。というのは、「背景」は外部要因ではなく、暮らし方の全側面に影響するからだ。孤立して辺鄙な場所は植民地主義、構造調整、貿易体制の変遷、国家とは無縁であるという思い込みは、論理性を欠いているし、誤った考えにおちいる危険がある。暮らしを営むための資源、戦略、暮らし方の結果もたらされるものはすべてそのようなプロセスの影響を受けるのであり、それらを介在する制度や組織も同様にそうしたプロセスの影響を受ける。「背景」と枠組みの他の要素との間の結びつきは全部を包含しており、単純な枠組みの図式においては連結を書き込む矢印が多くなりすぎるほどである。その結果、暮らしの分析の多くが有するミクロな視点はこの要素を見落とし、広範な構造的特徴が無視されがちになった。

サイモン・バタベリーは、個別地域の主体者や習慣と、もっと大きい構造や政治との間のこのような緊張を、影響力のきわめて大きい２人の地理学者になぞらえながら、「モーティマー－ワッツ論争（Mortimore-Watts debate）」と呼んだ（2008）。両者ともにナイジェリア北部で人びとの暮らしのあり方の問題に取り組み、行為主体－構造領域の異なる対極から課題を論じた（Watts 1983; Mortimore 1989）。どちらのアプローチも深い洞察を行っているが、とりわけ説得力があるのは複数の視点の組み合わせである。人びとの暮らしについての多くの分析および関連する枠組みが、個別地域の行為主体と慣習という、論じられるべき様々な領域の端に移動してしまい、構造上の関係と政治が「背景」に退いて軽んじられている。本書で論じているように、このことは誤りなのだ。

暮らしを営むための資産、資源、資本

第２に、暮らしを営むための資産あるいは資源を資本として理解することをめぐって活発な議論が起きている。英国国際開発省による枠組みの理解では、５つの資本が「資産の五角形」として強調された（Carney 1998）。これによって、暮らしを評価する枠組みの諸側面うちで最大の問題が生じている。まず、「資本」の語が、暮らしを営むプロセスの複雑さを経済の単位へと矮小化しており、そのことで今度は暮らしを営むプロセスが比較可能で計測可能だということになる、との反論が出ている。もちろん、経済学の用語と視点で説明することは、暮らしを評価する枠組みの初期の展開においては戦略的な手立てであり、経済学者はすぐさまこの考えをしっかりと把握してくれた。しかし、そうした単純化は問題を引き起こしかねない。これらの暮らしを営むための資産あるいは資源は、比較可能でもなく簡単に計測可能でもないのだから、それらの間の関係を五角形の図中に位置づけ対応させるという考え方は行き詰まってしまい、そこから多くの資源と時間が無駄に失われた。

他の反論は、５つの資本は扱うことのできる範囲が限られており、政治的資本や文化的資本など、他にも頼れる資本がある、というものである。また、資本という用語、特に自然資本の用語に対して反対意見もあった。その理由は、複雑な自然を潜在的に取引できる単一の資産へと解消することにつながり、そ

うして資本の他の形態と同等であるという前提のもとで自然が力を失ってしまう、というものであった（Wilshusen 2014）。さらには資本のうち定義がわかりにくいものがあると批判する人もいて、「社会関係資本」がその最たるものとされた。1990年代の夥しい数の研究において、社会関係資本を関係の密度として理解することは、開発の理解にとって重要であるとの主張がなされた一方で（Putnam, Leonardi and Nanetti 1993）、そうではないと強く主張する人たちもいた（Fine 2001; Harriss 2002）。さらに資本という用語の非常に異なる使い方が混乱を引き起こした。資本をプロセスの観点から見るブルデュー（Bourdieu）を引き合いに出して（1986）、支配と従属という異なる構造の文脈で使用する人たちがいる一方で（Sakdapolorak 2014）、資本を物や交換できる財貨と見なす、より経済寄りの使い方にとどまる人たちもいた。

こうした論争は外野にいる多くの人たちにとってはかなり内向きに思えたに違いない。だが、それは論争として置いておくとして、人びとがアクセスできる事柄を考察することには正当な理由がある。これは土地、労働、資本という従来の三要素にとどまらない。人のあらゆる努力の中核にある技能や素質だけでなく社会的、政治的資源も含まれる。それに加えて、そうした資産が差異化された形で分配されることだけでなく、それらがどのように組み合わされ順序づけられているのか（Batterbury 2008; Moser 2008）、さらにはどんな力関係が含意されているのかが重要なのだ。

多種多様な枠組みが展開されていたのと同じ頃に、資産に関するより広い観点も提唱されていた。トニー・ベビントンは資産を、「手段となっている行為の媒体（生計を立てる）、解釈できる行為（生活を意義深いものにする）、解放に役立つ行為（生計を成り立たせている構造の正当性を疑う）」と考えた。次のように述べている。

> 土地のような資産は、所有する人の生計を立てるための単なる手段にとどまらず、その人の世界に意味を与える。資産は生計を立てる時に使う資源にとどまらず、存在し行為する能力をその人に与える資産でもあるのだ。資産は、生き延び適応し貧困を撲滅するのを可能にする物としてのみ理解すべきでない。それはまた行為し再生産する行為主体の力の基盤であり、資源の支配や利用や転換を管理する規則に疑義を挟み、それを変更する行為主体の力の基盤でもある（Bebbington 1999; 2022）。

このように、資産は人びとが所有するものにまつわるだけでなく、人びとが信じ感じ一体感を抱くものにも関連する。資産は政治的資源でもある。けれども想像に難くないが、論争自体は非常に広がりを持ち多様なニュアンスの違いを持っていたが、実際に援助機関が支配してきた言説において、さらに現場での活動の多くを規定していたのは、もっと手段としての経済的で物質的な視点が中心であった。

暮らしの変化

暮らしの分析アプローチを適用したものの中には、資産、資本、戦略をスナップショットのように断片的に見るような、かなり固定されたものもある。だが第2章で論じたように、私たちがまず理解しなければならないのは、多様な暮らしが生み出すものの吟味に際しては、暮らしがどのように変化するのかが重要であるということだ。これを理解するには私たちは暮らし方の変容、軌跡あるいは過程に焦点を絞る必要がある（Bagchi *et al.* 1998; Scoones and Wolmer 2002 and 2003; Sallu *et al.* 2010; van Dijk 2011）。

アンドリュー・ドーワード（Andrew Dorward）らは、「上昇する」（資産を蓄積して中核の生計活動をもとに暮らしぶりを向上させる）人と、「ちょっと足を延ばす」（同様に成功しているが新たな場所での活動を含む新しい活動へと多角化する）人、「踏みとどまる」（なんとか生き延びているが、頑張りが自分の土地を増やし改良することには繫がらない）人を差異化する枠組みを考案している（Dorward 2009; Dorward *et al.* 2009）。ジョゼファト・ムションガ（Josphat Mushongah）は、極貧にあえぎ、上昇気流に乗れない人たちを表す「落伍する」人を追加した（2009）。この単純な類型化はもともと人びとの向上心を探究するために考案されたのだが、様々な人たちがどのように多様な別の経路へと進んでいくのかを示すことで、この類型を有益な形で暮らしぶりが変化する動態の評価に繫げることができそうだ。

政治と権力

暮らし分析のアプローチに対して繰り返しなされる批判の1つは、政治と権力を無視しているというものだ。この批判は厳密には正しくない。暮らし分析のアプローチの提唱者たちは、柔軟で幅広い考えを持っており、「変化する構造とプロセス」、「政策、制度、プロセス」、「介在する制度や組織」、「持続可能な生計のガバナンス」、「変化を推進するもの」が、様々な枠組みのもとでの異なる暮らし分析のアプローチにおいて何を意味するのかを、入念に考察する重要な研究を行ってきた（Davies and Hossain 1987; Hyden 1988; Hobley and Shields 2000; Leftwich 2007 を参照）。こうした暮らしの評価の考察は、どのような暮らしをするのかの選択に影響する社会的、政治的な構造とプロセスを取り扱ってきたのだ。権力、政治、社会的格差、そのガバナンス上の含意がこうした関心の中心であった。ウィリアム・ウォルマーと私は、暮らし分析のアプローチがいかにしてこうした問題についての思索を促してきたかに関して、以下のように論評した。

> このこと〔持続可能な生計のアプローチがより深く批評的な思索を促したこと〕が生じるのは、とりわけ開発の取り組みの結果を地域固有の視点から考察して、貧しい人たちの暮らしのミクロレベルでの特殊な事情から、地域、県、国、さらには国際的なレベルでの広範な制度や政策構想に至るまでを関連づけることができるからだ。したがってこうした思索によって、複雑な制度やガバナンスの取り決めが重要であること、ならびに人びとの暮らし方、権力、政治の間には中核となる関係性が存在することが、よりいっそう明確になっている（Scoones and Wolmer 2003: 5）。

上述した開発学研究所の初期の研究は、制度と組織を、暮らしを営んでいくための戦略と過程とをもたらす介在として捉える点を強調した[2)]。こうした戦略と過程は社会－文化的、政治的なプロセスであり、多様な資産の投入がいかにして、そしてなぜ戦略に繋がって成果を生み出すのかを説明するものだった。戦略と過程は権力と政治に左右された。権力と政治の内部では権利、アクセス、ガバナンスに関する問いが中心を占めた（第４章）。このように、異なる分野に力点を置く異なる観点が、同じ枠組みにおいて提示されていた。この観点は複雑なプロセスを重要視しており、したがって権力、政治、制度についての質的な深い理解、および非常に異なるタイプの現地調査も必要とした。

このような多様な枠組みの議論も、暮らしを考察する枠組みが政治と権力を考慮していないとの批判に対しては有効な反論とはならなかった。明らかなことだが、制度や社会的関係を機能させ、戦略の基本的選択を導き、選択肢や暮らし方がもたらすものに影響するものとして、置かれている状況から具体的な活動や資本へのアクセスに至るまで、権力があらゆるところに存在している、という議論を展開することは可能ではあるだろう。政治的な要素をより明示的なものにしようとして、政治的資本を資産のリストに加え、社会的資本は政治的関係を注視するのだ、と強調した人たちもいた。だがこのように付け加えても、政治的な利害関心、競合する言説、根強い慣習において、権力の構造的基盤が複雑に交差している事態をあまり適切には把握していないのだ。むしろそのように付け加えることで、事態のそうした複雑さを最小の共通分母へと矮小化してしまう（Harriss 1997）。だから、権力と政治を考察すべきだという主張が頻繁になされたけれども、顧みられないことが多かった。また道具立てとしては従来通り使われたが、それも、政策のプロセスがより大きく評価されることはあってもあくまで暮らしの視点を前面に出したうえでのことであった（Keeley and Scoones 1999; IDS 2006: 4章を参照）。

不運にも、政治と権力に関するこうした論争は核心に到達するに至らなかった。そうした政治的次元の重要性を例証した人たちもいたけれども、主要な関心はほかにあった。それは、経済学による枠組みのもとでの、貧困軽減の手段としてのみ用いられる政策に向けられていたのだ。今日では、1990年代の人びとの暮らしに注目する考え方の痕跡らしきものはほんの少し感じられるだけにすぎず、エビデンスと政策についての因果関係をはっきりさせる実用的な物の見方が幅を利かせている。

枠組みの構成要素は何か？

それにもかかわらず、過去15年ほどの間に暮らしを評価するという暮らし分析の枠組みとそれに関わる論争は、言説を担う役割と政治的な役割とを果たしてきた。暮らしの分析の枠組みと議論は大きな力と影響を持っており、多様な状況において注目と資金とを集めた。研究者、実践者、政策立案者の多彩な集団を引きつけて彼らを緩いネットワークのもとで結びつけ、彼らはそれぞれ異なるやり方で開発に従事し、共通の枠組みや関連する専門用語を共有した。

同時に、そのような枠組みの展開には、激しい論争を伴う政治的な争いがつきものだった。ある意味で、枠組みは根本的な認識論的論争と政治の関与を覆い隠し、反駁と異議をうやむやにする働きをすることがある。表面上整ったイメージを、とりわけ図の形で外向けに提示する際に、異なる枠組みを認め合うことによって決裂は回避されたが、それが論争と議論を促進するどころかかえって閉じ込め吸収する作用をした。だがこれは必ずしも悪いこととはいえなかった。一緒になりそうにない人たちを集めることで、新たな対話が始まったからだ。初期の頃には抵抗があったものの、セクターや分野の境界線がついには壊され、それから新しい洞察、方法、実践が続いたのだった。

程度の差はあれ、こうした混乱と収束、新たな展開が今でも続いている。実に多くの修士号や博士号の研究が、暮らし分析の枠組みをめぐって適用や批判の形で行われている。これは、トーマス・クーン（Thomas Kuhn）の有名な言い回しを借りると、「パラダイム転換」後の「通常科学」の出現である（1962）。その結果、議論は成熟していき、適用の微妙な相違がより明確になり、適用の内容が充実してきた。だが不運なことに、援助組織の変わりやすい性質は、通常科学のゆっくりした展開に歩調を合わせることができないのだ。実際、英国の国際開発省や他の組織の内部で新たな枠組みと専門用語が出てきているが、先行の業績を軽んじるものが多い（Cornwall and Eade 2010）。間違いなく、暮らし分析のアプローチが1992年以前にも存在していたのと同様に、今後も論争は論点を変え、小難しい専門用語が次々に作られ、暮らし分析のアプローチは新たな形で復活するだろう。

けれども本書の目的は、こうした絶え間なく移り変わる熱狂ぶりや気まぐれな資金提供の動向を強調することではなく、過去から学んでそれを活かしながら議論を推し進めることだ。上記の論争はすべて重要であり、それぞれが重要な形で広範な社会科学の関心に結びついてきたことは確かなのだ。

こうして、たとえば人びとの暮らしの背景と戦略に関する論争は、構造と行為主体性との間にある長期の確執が社会科学の諸分野で問題にされていた点を強調し、両者に同時に注目することの重要性を明らかにした（Giddens 1984 を参照）。資産と資本の議論によって、物質的な物に注目するアプローチの限界を理解できるようになった。それは、もっと広い枠組みへと目を向け（Bebbington 1999）、資本の蓄積と交換を権力の染み込んだプロセスとして見ることを教えてくれている（Bourdieu 1986）。社会的資本を計測可能な資産として見るのか、それとも社会的関係と制度に根差すプロセスとして見るのかという問いは、開発における制度に関する社会科学と政治学での幅広い議論を映し出している（Mehta *et al.* 1999; Bebbington 2004; Cleaver 2012）。暮らしが変化する経路についての議論は、変化の過程が複雑なシステム内部でどのように作られ維持されるのか（Leach *et al.* 2010）、暮らしの営みの動態がどのように資産の限界量などの中核となる特徴に左右されるのか（Carter and Barrett 2006）、という点に光を当てている。最後に、次章でさらに深く探究することだが、政治と権力が暮らしの分析においてどのように理解されるのかについての議論を通して、制度と組織の「ブラックボックス」（実際にはグレーだが）の中身を明るみに出してよりいっそう完全に内実の分析が進められており、そうして政治と価値に焦点を絞りながら、制度および政治の観点から人びとの暮らしと開発をめぐって再び活発に分析が行われるようになってきている（Arce 2003）。

結　論

それぞれの枠組みの特定の細かい点やうんざりするほど偏狭な詳細な点に拘泥しなければ、私たちは前進する有益な方法を見出すことができる。そうした枠組みを使って、定義、関係、トレードオフについての議論を始めるべきだ。それはどれも、広範でより根本的な社会的および政治的な理論的関心と繋がっている。そうした枠組みは、もともと分野横断的な発見的方法およびチェックリストとして考案されており、それ以上の役割を果たすことを期待すべきでない。暮らしを評価する生計の枠組みは、狭隘さを免れ概念上よく練られたアプローチであるから、いかなる探究にも役立ってくれると私は主張したい。それは問いを促進し論争を活発にしてくれる一方で、健全さを損ないかねない点があることははっきり述べておかねばならないだろう。

◉原註

1）www.livelihoods.org

2）Carswell *et al.* 1999, Brock and Coulibaly 1999, Shankland 2000, Scoones and Wolmer 2002 を参照。

第4章 アクセスとコントロール
制度、組織、政策のプロセス

前章で少し触れたように、生計の枠組みとその分析の中心であるにもかかわらず、見逃されることの多い特徴は、制度、組織、政策のプロセスが、暮らしを営むための資源へのアクセスを実現し、暮らしを営むための様々な戦略の機会と制約を明確にするうえで果たしている役割である。言い換えると、制度、組織、政策が支配するこうしたプロセスは、人びとにとって可能な事柄およびその結果として暮らし方が生み出すものに多大な影響を与えている。

では制度、組織、政策とは何であるのか？ 暮らし方が生み出すものにそれほど影響するプロセスをどのように理解すればよいのか？ この章の最初の部分では制度と組織とを吟味し、その後に政策のプロセスに関して手短に考察する。章の全体で、政治が暮らしを営むための戦略と暮らし方が生み出すものとに与える重要な影響を再度強調することになる。

制度と組織

制度と組織についてはよく語られるが、それはどのように定義され理解されているのだろうか？ ダグラス・ノースが簡潔で有用な定義をしている（1990）。制度とは「ゲームのルール」で、組織とは「ゲームのプレーヤー」である。したがって、たとえば農村の状況で結婚制度、相続慣行、土地の保有形態は、誰が土地へのアクセスを持つのかに影響するが、教会、首長職、地方政府、国家の土地登記簿は規則を実行するための組織の役割を担う。

もちろん実際にはそれほど単純ではない。というのは、正式に法制化されたものや、もっとインフォーマルなものも含めて、多くのルールが適用されることがありうるし、しかもそのルールは、重なり合う多くの組織によって決定されているからだ。現実の世界では、制度と組織、ルールとプレーヤー間のすっきりと割り切れる関係はありえない。

農村での土地へのアクセスの例に戻ると、土地の取得は、たとえば農地改革事業の一部として政府の土地担当部門によるフォーマルな分配によって行われることがある。ここでは、たとえばエンパワメントや移住計画の一部として女性と移住者に有利であったりする。また、土地の取得が相続および伝統的指導者や首長による割り当てによってなされることもある。この場合、地域の男性血縁者のみに限定されることがある。このように、アクセスする人が誰であるのかに応じて、該当する制度と組織が異なってくる。さらに、制度と組織はこのように社会的に組み込まれており、特定の文化的、社会的、政治的背景の中に存在する。それは中立的にアクセスを実現するのではなく、きわめて政治的色合いの濃いものなのだ。

上述の例では、政府の計画を通じた土地へのアクセスはフォーマルな制度に関係しており、特定の法規や政策の管轄下にある。それとは対照的に、伝統的指導者を通じてのアクセスはインフォーマルで、「慣習法」の一部であるだろう（Channock 1991）。こうした法は広く受け入れられた地域の慣習、慣例、風習に関係する（Moore 2000）。もちろん、何が慣習で伝統的なのかは変わるだろうし（Ranger and Hobsbawm 1983）、地域の権力関係に左右されることもある。このようにインフォーマルな制度と組織はとても流動的で、個別地域のせめぎ合う権力関係に影響される。だからといって、フォーマルな制度が変化せず権力争いと無縁ということにはならず、むしろその反対だ。けれども以下で述べるように、フォーマルな制度が法や政策に与える影響は様々な形態をとり、常にではないが一般的に、より目につきやすく、透明で説明がつきやすい。

フォーマルとインフォーマル両方の制度と組織の複数のものが、資源へのアクセスを、したがって暮らしを営む手段へのアクセスを支配している場合、これは「多元的法体制（“legal pluralism”）」と呼ばれることがある（Merry 1988）。このような背景において、人びとは自分に最適なルートを選ぶこともあれば、自分の選んだ手段を隠して複数の道筋を試すかもしれない。換言すれば、制度と組織をいろいろ見て回って自分の運を試し、取引コストを減らして良い成果が出る見込みを大きくしようとするだろう。これは多元的法体制のもとで「法廷地漁り（“forum shopping”）」として知られ（von Benda-Beckmann 1995）、人びとの暮らしを構築している重要な部分である（Mehta *et al.* 1999）。

制度が存在しないと思われているか、あるいは衰退していて複数の制度が存

在していると は思われていないところに、制度が作られて押し付けられる場合に、問題が生じる。農村開発と自然資源の管理の取り組みは、利用とアクセスの実情およびその制度を下支えするものについての実効性ある理解がないまま作られた利用者の組合や管理委員会などの多くの実例で溢れている。フランシス・クリーバー（Frances Cleaver）がタンザニアのルアハ川流域のウサング平野（Usangu Plains）での実例を挙げている（2012）。ここでは開発の専門家が問題を調査し、「伝統的な」制度の失敗が、農業従事者と牧畜従事者など資源の利用者間の衝突を引き起こした、と分析した。土地利用計画が作成され条例が制定され委員会が設立された。けれども、他の多くの地域資源管理の取り組みと同様に、この計画はうまくいかなかった（Cleaver and Frank 2005）。論議にあたって、社会的、政治的根拠が検討されず、現存の規範と慣習も認識されなかったのだ。それどころか、それまでは何の制度もなかったかのように、新しい制度が押し付けられてしまった。計画通りに運営されるどころか、時間が経つにつれ関係者の間で交渉がなされ、新たな取り決めが、クリーバーのいう「ブリコラージュ」を通して形成された。いろいろな要素が次々につぎはぎされ、複雑に組み合わせられたのだ。こうした取り決めは、地域の地方政府内部に収まっている階層化、分権化した管理の取り決めにぴったりとは適合しなかった。実際、機能し始めはしたものの、全く適合しなかったので、新しい事態が生じるたびに絶えず変更せざるをえなくなった。たとえば、新たな灌漑耕作者が自分の事業を開拓する際に、湿地帯での水に対する権利要求が増大した。この権利要求は既存の家畜利用だけでなく農業とも競合した。新たな灌漑耕作者は特定の社会集団を代表しているので、水利に関して起こった衝突に対処する力関係の動態は複雑だった。しかし、交渉を重ねることで解決がなされた。もともと存在した慣習が残らないように気をつけつつ、そうすることで不平等と不公正を強化しないように注意する一方で、バザールでの交渉に似ているブリコラージュのアプローチは、中央集権的な方法のメタファーである大聖堂方式の遵守（the compliance of the cathedral）（Lankford and Hepworth 2010を参照）の方に近い標準化され画一的な制度の構想よりも、優れた結果を生み出しうる*)。

このように、フォーマルとインフォーマル両方の制度と組織についての幅と深みのある現場レベルの知識は重要だ。これを、土地、市場、農外雇用、サービスなど多様な活動の場への確実なアクセスに適用して暮らしを構築することは、取り組むべき大きな課題である。世界のほとんどの農村の制度と組織は複雑であり、そのため暮らしのあり方をめぐって話し合い取り決めを行うには、多大な時間、努力、技術を要するということになる。多くの状況において主たるプレーヤーは、国家に基礎を置く組織ではなく、プロジェクト、非政府組織、民間企業、宗教組織や地域の伝統的エリートたちである。クリスティアン・ルンド（Christian Lund）が述べているように、このすべてが「国家のような」性質を持ち、規則の施行とサービスの提供を行っている（2008, 2009）。

このように多様なプレーヤー間の複合的な力関係は、暮らしを営むために用いる資源へのアクセスに影響を与える。さらにそのアクセスは、明示的でないものが多い一連の決まり事によってもまた影響を受け、その結果様々な責任関係が生じている。これは紛らわしく不透明で時間がかかる事柄で、きわめて不平等な庇護関係に影響される場合がある。だがその一方で、最善のアプローチとは、それぞれの状況が持っている条件に合うやり方で物事を進め、時にこのような「新家産的な制度（neo-patrimonial systems）」[1)]と呼ばれるものの現実を受け入れることであろう（Booth 2011; Kelsall 2013）。こうした複雑さを無視して、うまく機能していない国家のサービス提供システムに頼ることは、もっと悪い成果をもたらすだろう（Olivier de Sardan 2011）。土地へのアクセスに関しては、保有の保証を強化するための伝統的な土地の配分と保有の取り決めの方が、実践できるとは限らないが少なくとも設計上での面倒さ、複雑さ、政治的な意味合いが少ない、土地の管理と登録システムを外部者の手で高い費用をかけて設計するよりも、ずっと効率的だろう。

制度派経済学の分野は、人びとが様々な選択肢の中からどのようにして選択するのかを理解する１つの方法を提供している（Toye 1995; Williamson 2000）。基本的な考え方は、検索と情報、交渉と規制、執行などの取引交渉に関連する様々なコストを勘定に入れながら、私たちは最もコストの低い選択肢を選ぶということだ。合理的な選択は、交渉、協議、賄賂などの高くつきそうなコストを相殺することで、取引コストを下げるというものだろう。制度における信頼

＊）大聖堂方式ないし伽藍方式とは、ソフトウェアの開発方式に関するエリック・レイモンドの論文に由来する用語である。Eric Raymond, “The Cathedral and the Bazaar” (1999年初版)。レイモンドは、一人の設計者ないし少数の設計者集団がすべてのプランを完成するまでを統括する従来のソフトウェア開発の方法を大聖堂建築になぞらえ、これに対し新たな開発方式を、互いに必要で欲しい物を自由に交換し入手するバザールになぞらえた。ちなみに、この論文は山形浩生氏による邦訳では「伽藍とバザール」と訳されている。

が、鍵となる要因である。まさしく、ゲームの理論が示すように、お互いによく知っている人たちの間においてこそ、交渉が増えるほど信頼度が増加する。したがって、アクセスを支配する制度に対する投資は、資源の価値に応じて増加することになる。

そこで、土地に関しても、保護されようとする土地の価値が高い場合には、囲いを設けて侵入を監視すること、巡回、悪用や侵害の発見を行う土地利用委員会などのような、土地へのアクセスを管理する制度の方がはるかにうまくいきそうだ。たとえば放牧地では、乾季の牧草地用の保護区域、河畔地域、谷底湿地などの重要な牧草地資源を保護することに、（規則によって）制度面で、（委員会を通して）組織面で投資する方が、共有の牧草地を管理するよりもずっと理に適っている（Lane and Moorehead 1994）。

人びとの暮らしにとって重要なほとんどすべての資源に対するアクセスは、何らかの制度や組織に支配されている。ギャレット・ハーディン（Garrett Hardin）は、頻繁に引用される「コモンズ（共有地）の悲劇」に関する論文において、「共有地」が全員に開かれているという誤った想定をした（Hardin 1968）。エリノア・オストロム（Elinor Oström）らはインディアナ大学の「政治理論および政策分析に関するワークショップ」で、多くの状況において、共有財産資源管理は実際には、十分確立された、時にインフォーマルな組織によって管理されるきわめて厳格なルールに則って運営されていることを明らかにした（Oström 1990）。オストロムは共有財産システムのための以下の要件からなるまとまった8つの制度構想の原則を説明した。コモンズの境界を明確に定めること。共有財の利用を管理する規則を、地域の必要と条件とに適合させること。規則の影響を受ける人たちが規則の変更に確実に参加できること。コミュニティのメンバーが規則を決める権利の尊重を担保すること。コミュニティに基づく監視システムを創出すること。規則違反者に対しては段階的な制裁手段を用いること。紛争解決のために利用しやすく低コストの手段がそなわっていること。地域レベルからもっと広範なシステムに至るまで共有資源を管理する責任能力を構築すること。この原則は、地域のレベルから地球規模にまで運用されなければならず、持続可能な暮らしがどのようにして達成されうるのかを理解するために不可欠である、とオストロムは論じている（Oström 2009）。

この構想の原則は、固定され境界のある資源に関する個々人の選択について、主に経済的分析結果を単純化したもので、共有資源をめぐる集団としての行動に反映されている。だから、スケール横断的な社会的、政治的交渉において常に見られる複雑さの一部を見落としており、資源の生態上の流動性を考慮に入れ損なっている。

たとえばライラ・メータ（Lyla Mehta）らは、生態の変わりやすさ、生計の不安定さ、知識の不確実さが結びついた結果、制度が再編成されると論じた（Mehta *et al.* 1999）。同様に、境界の明確な地域の資源に焦点を絞ると、人びとが日々の暮らしを構築する時に必ず生じるスケール横断的な結びつきを見落とすことになる。トニー・ベビントンとサイモン・バタベリーの論によると、人びとの暮らしは、ますますグローバル化する世界において、空間を超えて、都市と農村の間で、地域や国家を越えた人びとの移動の背景において構築される（2001）。こうした国家を越えて暮らし方に影響する制度と組織は、狭い地域に限定された枠組みの内部では分析が容易でなく、活動区域全体を包含しなければならない。したがって、スケールないしレベルを固定すると、人びとと資源が、どのように場所とスケールを越えて移動し、ネットワークで繋がれたグローバル化した背景においていっそう複雑な暮らしの変化を起こしているのかがわかりにくくなる（Leach *et al.* 2010）。

さらに、土地の所有権に関する専門家が明らかにしているように、制度は固定されているのではなく、進行中の社会的、文化的プロセスの一部として、制度には絶えず時間と労力が投じられる（Berry 1989, 1993）。制度はフォーマルな特徴を持っているようだが、時として曖昧で絶えず交渉して取り決められる、インフォーマルで多様な規則からなる異種混合な取り決めであることが多い。このように制度は社会と文化とに深く埋め込まれており、だから単純な構想の形には変えることはできない。もちろんこうした埋め込みは、とても不平等な社会的関係の内部で生じることが多く、その場合にこうした関係が制度上の取り決めにおいて複製され強化されることになる（Peters 2004, 2009）。

アクセスと排除とを理解すること

こういうわけで制度と組織は、どんな点で資源および暮らしを成り立たせる手段にアクセスできる人がいる一方で排除される人もいるのかを理解するうえで重要だ。アマルティア・センの研究を発展させた「環境利用に対する権利（“environmental entitlement”）」の枠組みによると、制度が資源へのアクセスをもたらす。だから、単なる資源の豊富さが問題なのではなく、資源へのアクセスが、現場における資源管理とガバナンスの間に起こるジレンマを引き起こす、と論じられている（Leach *et al.* 1999）。こうした制度は、重なることも多い数多くのフォーマルおよびインフォーマルなプロセスによって支配されている。すでに論じたように、このプロセスは様々な差異に強く影響され、権力関係に左右される。ジェンダー、年齢、富、民族、階級、場所など多くの要因が、誰がアクセスできて誰ができないかを左右するのだ（Mehta *et al.* 1999）。

このプロセスを理解するのに役立つのはどの理論だろうか？　ジェシー・リボー（Jesse Ribot）とナンシー・ペルーソ（Nancy Peluso）は、影響力の大きい自分たちの論文において、すでに論じられた文献の多くに依拠し発展させた「アクセス理論（"theory of access"）」の概略を説明している（2003）。この２人は、財産権をはるかに超える様々な権力の束との関連で、アクセスの取得、管理、維持について考察している。アクセスは、技術、資本、市場、労働、知識、権力、アイデンティティ、社会的関係へのアクセスなどの重なり合う一連のメカニズムによって規定されうるものなのだ。

デレク・ホール（Derek Hall）、フィリップ・ハーシュ（Phillip Hirsch）、タニア・リー（Tania Li）は、東南アジアにおいて大規模な調査研究を行ったうえで、そうした事柄の考察に役立つもう１つの枠組みを提示している（Hall *et al.* 2011）。彼らは排除の様々な力に焦点を当て、そして、人びとを土地と資源から排除する際に闘争と衝突が生じることと、強制力が行使されることを強調する。「囲い込み」、「本源的蓄積」あるいは「収奪による蓄積」のプロセスがなぜどのように生じて誰に影響を与えるのかを問うことによって、こうしたプロセスについての私たちの理解に、重要な深みと幅を与えてくれている（Hall 2012）。排除には、規制、市場、強制力、合法化の４つのプロセスがあり、それらが相互に作用している、と論じている。

物質的な側面だけでなくアイデンティティと市民としての身分を含む、暮らしを取り巻く条件が、アクセスと財産の問題にそのように密接に関連しているわけだ。だから、高まる商業化や増大する暴力に伴って新たに現れてきたやり方を含めて、土地と資源の管理がどのように行われているのかを理解することは重要だ。というのも、土地の争いと囲い込みのプロセスは労働と生産の形態を変えるからである（Peluso and Lund 2011）。そしてまた土地と資源に対するアクセスと権利が、制度上の権威の様態と市民権の現れ方とに緊密に結びついている（Sikor and Lund 2010）。このように暮らしを取り巻く条件、資源へのアクセス、財産、政治権力、市民権はすべて相互に連関し、互いの一部となっている。

したがって、たとえばアフリカの炭素森林地事業（carbon forestry projects）〔排出権取引に関連する森林事業〕において、自由市場化された選択的囲い込みのプロセスを通じた森林および炭素の所有権は、財産関係の新たな観点および森林地域を支配する権力関係の再構成された構造から定義し直される。その結果、地域の特定のエリートによる権利の占有を容認するだけでなく、権利を、事業の開発業者と市場の投機筋に割譲することが多い。そのような介入が、炭素の現金化と交換を許容する驚くほど数多くの複雑な要件を通じて、一連のプロジェクトを実行に移し、支配体制、ガバナンスのシステムを創出する。今度はそれが人びとと森林との関係をしばしば根本的な点で作り直し、そうして特定の地域における狩猟、採集、家畜の放牧のようなある種の形態を排除することで可能になる暮らしのスタイルを生み出している（Leach and Scoones 2015）。

制度、慣習、行為主体

人びとの暮らし（生計）に関する文献の多くは物的資源へのアクセスを得るために人びとが奮闘するさまに焦点を当てており、制度、組織が介在者と見なされている。上記で論じたように、これは重要な視点であり、どの分析においてもきわめて大切なものだ。しかしながら制度をこのように捉えることで欠落することがあるのは、制度がどのように意義や重要性があるのかについての意識である。しかもそれは、関係するアクターの異なる主観、アイデンティティ、置かれている立ち位置を反映するものであるにもかかわらず、抜け落ちてしまうのだ。

土地や水を求めての奮闘は、単にそうした物的資源へのアクセスについてだけでなく、具体的な形として現れないような、他の多くの要因をめぐるものでもある。土地は歴史、記憶、文化的な意味と密接に関わっている。同様に、水は精神、祖先、神話、伝説と関連している。インド西部地方の例として、ライラ・メータが、水を文化的で象徴的な意味と切っても切れないほど強く結びついているものとして説明している（Mehta 2005）。

暮らし方の文化的および社会的次元を超えて、きわめて個人的で情緒的な次元も存在しており、今度はそれが制度に影響を与えている。イーシャ・シャー

(Esha Shah) は、暮らし方の慣習と行動に影響する、しっかりと根づいた習慣、感情、情緒などの「情緒的な歴史 ("affective histories")」の役割を論じている (2012)。それによると、インドの農村での農民の自殺は、グローバル化と自由主義化とによって突然引き起こされる農業における危機の根底にある構造的条件や、人びとの生活を左右する直接的な物質的欠乏の観点からよりも、そうした危機と欠乏がどのようにして認知され感じられるのかという観点からの方が、より適切に説明がつく。それは、運命と汚名だけでなく恐れ、疎外、絶望という情緒に現れており、だから自分をどのような人間として思い描くのかによって、および歴史が染み込んだアイデンティティと社会的序列制度によって、影響される。

このように、物質的に見て食料が不足していなくても、疎外感、周縁部に追いやられる経験、窮乏への恐れ、威信の失墜が、大きな衝撃を与えることがある。地域全体の人たちが共有して抱く想像と記憶がこれを強め、人びとを自殺に追いやっている。極端な反応かもしれないが、より一般的にいって要点は、「情緒的なもの」が構造的なものや物質的なものと同程度に、しかも常にそれらと一緒になって暮らしに影響しうるということであり、暮らしを取り巻く条件の分析においては無視すべきでないということだ。そのため、研究者はこうした主観的な世界を適切に認めて理解し、現実という劇的な生の舞台へと足を踏み入れることが必要になる。

人間という存在を、知る主体として見ることは、主体的行為者 (Giddens 1984) や主観性 (Ortner 2005) に光を当てることになる。暮らしを営む手段を求める過程で、人びとは感じ、考え、思案し、追求し、意味を理解する。こうした主体の行為は、常に文化の制約を受けており、行動を制約する無意識の社会的知識が深く内面化されたもの、ピエール・ブルデューの用語での「ハビトゥス」といえる (1977, 2002)。

タニア・リーは「実践的ポリティカル・エコノミー」という用語を作って、人びとの暮らしの状況を向上させる際の人間という行為主体の役割を強調した (1996)。彼女は、様々なレベルで制度と政策を再構築するために使われる多数の創造的で文化的な考え方と日々の慣習とを強調している。したがって、言葉に表されず内面化されたものであれ、明示的で知識の形になったものであれ、慣習と行動は多くの行為の基盤である。これは言葉で表現されるだけでなく、社会的制度、規則、規範の一部として慣例化されることもある。社会に根差したこうしたやり取りは人びとの暮らしの眼目である。だが、深く浸透しているがゆえに把握されないことが多いのだ。このように、制度が慣習を作るのと同じように、慣習は制度を作る。

このような観点から見ると、制度は固定的で計画的に作られたものではなく、経済的な誘因に単に合理的に反応した結果でもないことがわかる。そうではなく、制度は特定の場に身を置く多様なアクターの絶え間ない行為によって、動的に再構成され再生され作り直されるのだ（Ortner 1984）。様々な資源に対する多様な競合する意味が、このプロセスに関わってくる。多様な主観性を持った明敏で実際上重要なアクターを視野に入れたうえでこのような暮らしの営みに焦点を絞ると、制度がどのように作られ機能するのかが明らかになる。それはまた人びと、暮らし方、制度間の再創造される関係を考えるための、より動的な視点を提供してくれる。

相違、認識、意思表示と発言権

ナンシー・フレイザー（Nancy Fraser）がきわめて適切に論じているように、より自由で伝統に縛られない政策立案を実現するつもりであれば、物質的な再分配と並んで承認と参加とに焦点を絞ることが不可欠だ（Frazer and Honneth 2003）。フェミニストの観点は、生きられた身体の経験（Grosz 1994）、および力関係を通して構成されて、ある場所に置かれているものとして身体を捉える見方（Harcourt and Escobar 2005）に光を当てることが重要だ、と指摘する。ジェンダー化された生産と再生産の役割は暮らし方に大きな影響を及ぼす。資源へのアクセスは、物質面での苦労だけでなく、身体的、情緒的な相互作用とも関連させて理解することができる。

フェミニストのポリティカル・エコロジーの伝統（Rocheleau *et al.* 1996）をバングラデシュの飲料水へのアクセスについての調査研究に拡大適用しながら、ファルハナ・スルタナ（Farhana Sultana）は「感情の地理的条件（emotional geographies）」に言及し、「感情の地理的条件においては、ジェンダー化された主観性と身体化された感情が、日常生活において自然と社会との関係がどのように生きられ経験されるのかを形作る」と述べている（2011: 163）。もちろん、ジェンダーは他の多くの差異の次元と交差しており、暮らしとの関連において多面的分析が必要だ（Nightingale 2011）。現代の理論は、「分析の対象から外れた」要素、つまりアイデンティティについてのより複雑な観点を提供してくれる多様な要素を考察する必要がある、と主張している（Butler 2004）。

こうした主張はすべて、人びとの暮らしの研究に携わる者にとって重要なメッセージである。というのは、支配の形態は、暮らしを営むための特定の資源に対するアクセスをめぐる不平等からのみ現れるのではないからだ。現実には、支配の形態はもっと社会的、政治的な領域に存在するのかもしれない。異なる人びとがジェンダー、性別、能力の欠如、民族、身分制度や他のすべての差異の次元においてどのように見られ、認識され、認定され、価値を認められるのかに関係するからだ。

インドのアンドラ・プラデーシュにおける気候変動に対する暮らし方の対応についての研究において、ターニャ・ジャキモゥ（Tanya Jakimow）は、様々な社会的集団の詳細な生活史を収集し、経年での暮らしのあり方への願望と活動の両方を記録に残した（2013）。彼女のインタビューは、重大な危機的状況に注目しており、そして暮らし方と気候変動への適応行動に影響を与える際の、様々な制度の変化する役割に焦点を当てている。このように、民族誌的および伝記風に物事を捉える分析手法は、私たちが制度上のプロセスを経済面および組織面で理解する仕方を広範で生き生きとしたものにし、さらに人びとの暮らしがどのように形成され、複雑で動態的な背景においてどのように変化するのかについての理解の仕方に、深みと幅とを与えてくれる。

しかし、暮らし方が生み出すものについての観点（第2章）の場合と同様に、制度と生計について理解する唯一の正しい方法は存在しない。制度派経済学、法社会学、法人類学、政治社会学、政治経済学、ポリティカル・エコロジー、実践の民族誌学などの分野から得られる分析を結合させる補完的なアプローチが、最も優れた洞察を提供できるだろう。

政策のプロセス

これらの制度的次元はすべて政策の影響を受ける。開発において、政策についてはよく話題になるけれども、政策とは何なのかについての理解は不充分である。定義上そして多くの書物において、政策とは、政府の意図に関する公式の言明、規則、法律であると説明される。政策は政治的論争を通じて議論され、官僚制度を通じて実行される。しばしば言及される直線的な見方では、アジェンダの設定、政策の事前評価と優先順位づけに引き続いて、実施と事後評価が行われると考えられている。もちろん、こうした直線的で整然とした見方は荒っぽい単純化であろう。だが、政策プロセスの実態は大半がそのようなものではない。エドワード・クレイ（Edward Clay）とバーナード・シャファー（Bernard Schaffer）が何年も前に述べたように（1984: 192）、それは「目的達成と偶然的出来事の混乱状態」である。政策のプロセスは混乱していて対立が多く、何よりも政治が絡んでいる（Shore and Wright 2003）。それは状況に左右され、人びとの影響を受け、複雑な交渉の結果なのだ。

この点は大抵の政策立案者に認識されている。もちろん、決定が休憩室において、あるいはインフォーマルな話し合いを通してなされたりするし、利益団体がロビー活動を行って影響力を行使したりもする。また実施の途上では慎重さ、改訂、変更が必要だ。ではそうしたプロセスをどのように理解できるだろうか？

この作業に役立つ簡明な分析の枠組みがある（Keeley and Scoones 2003; IDS 2006）。この枠組みは、語りの力（政策がどのように語られるのか、知識と専門技能の異なる形態がどのように使われるのか）、アクターとネットワークの力（様々な人たちとそのネットワークがどのように協働して政策の変更を左右するのか）、政治と利害関心の力（利益団体がどのように形成され、協議、交渉、利害関係の競合を通して政策の成果に影響するのか）について区別を設けている。これらが重なり合っている視点のそれぞれは、力の異なる次元および異なるスケールと分野独自の焦点を通して、政策変更を理解するうえでの手がかりとして役に立つ（図表4.1を参照）。

たとえば政治学は長い間、社会の利益団体間での取引や交渉が政策をめぐる政治の本質である、と論じてきた。対照的に、もっとアクター中心のアプローチは、個々の政策参与者の働き、彼らのネットワーク、その間にある力関係を強調していた（Long and van der Ploeg 1989）。権力は知識の政治学を通じて現れ、それは、政策プロセスにおけるミシェル・フーコー（Michel Foucault）のいう「統治性（“governmentality”）」の持つ、言説の権力を明確にする形態のうちの、より流動的で浸透力のある形を表している（Foucault *et al.* 1991 を参照）。

図の中心部分は政策の空間で、どんな特定の政策プロセスにおいても、語り／言説、アクター／ネットワーク、政治／利害関心の、互いの影響の仕方によって閉じたり開いたりする（Grindle and Thomas 1991を参照）。そこで私たちは

図表4.1　政策プロセスの3つの主要な要素

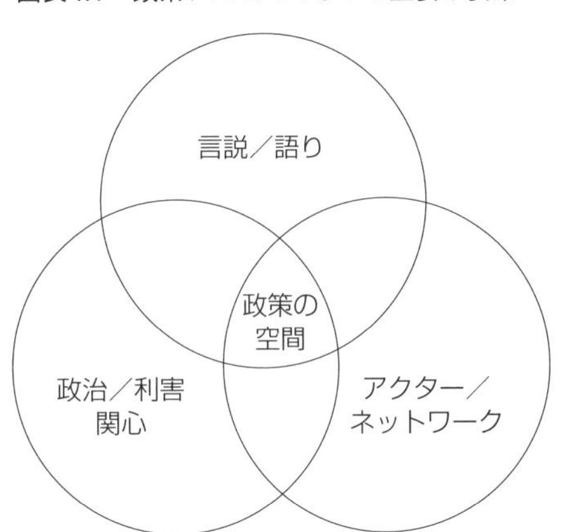

政策の変更を、これら3つの重なり合う次元を吟味することによって理解し、現存の政策に対してだけでなく潜在的に新たな政策に対しても、どのような政策の空間があるのかを明確にすることができる。その枠組みは「現状」を規定するために使いうるだけでなく、可能性を探り変更のための戦術と戦略を設計するための予後予測の手段として使うこともできる。現存の政策体制を中断し変革するのは簡単なことではない。なぜなら、それを支えるアクターと利害関心とに関連している主流の言説が力を持っており、変更には抵抗すると考えられるからだ。けれども、政策の思考方法を変え、新たな選択肢を増やすためには、骨の折れる努力が必要だろう。だがその努力を通して、別の言説が構成され、そして現在支配的な利害関心を取り除くか、または認めるかする新たな協調関係と連携とが生み出されることになる。

政策は現場で生じることから離れて決定されるものと見なされてはならない。政策分析が抽象的に行われ、直線的な管理の枠組みを取り上げる場合が多すぎる。しかし、政策は実践および実施に向けた複雑な交渉と緊密に結びついている。このプロセスこそが、語りとネットワーク、アイデアと実践を起動させ、政策のモデルを安定化させるのだ。デビッド・モース（David Mosse）が論じるように、政策は常に制度および制度を明確に表している社会的関係との関連で考えなければならない（2004）。

このことは人びとの暮らしと農村開発にどのような関係があるのだろうか？これまで見てきたように、しばしば複雑で重なり合う制度上の取り決めを通して決められる政策は、生計の機会に多大な影響を及ぼすことがある。たとえば、大規模農業への投資に焦点を絞るやり方は小規模農業への支援を損なうかもしれない。このことは、その政策が近代的で効率的であり、雇用を創出し、外国の投資を誘致でき、世界市場で競争力を持ちえて、強力な商業的利益に裏打ちされているという議論によって支持されている場合には、とりわけ当てはまる。

このような大規模農業の語りが、現在の一連の土地の収奪を理論的に支持している。たとえばポール・コリアーのような影響力を持つ人物が奨励しているのだ。彼は広く読まれている雑誌 *Foreign Policy* において、「世界が必要としているのはもっと商業的な農業を増やすことであって、減らすことではない。ブラジルの生産性の高い大規模農業モデルは、土地が十分に活用されていない地域に直ちに適用できるだろう」と主張する（Collier 2008）。世界銀行も、ギニアサバンナ地帯における商業的農業を通じて、眠れる巨人アフリカを起こすことを願っている（Morris *et al.* 2009）。投資家と金融投機筋が価格の低い投資先を探している最中に、燃料、飼料、食料品の価格が上昇したせいで、土地への関心が増加した。小さな地域レベルでも、外国為替投資（時には賄賂を得る可能性に期待して）に熱心な政府官僚と、そうした取引から利益を得られると考えたかもしれない地域の伝統的な指導者との間で、地域的な連合の形成が行われた（Wolford *et al.* 2013）。様々な異なる状況において強力な提携がなされたが、専門家が保証する強い語りに支えられている点では共通していた。その結果、ここ数年でわかってきたことだが、現存の暮らし方の転換とアクセスの権利の侵害が生じ、さらには多くの場合、地域での他の雇用の選択肢がなくなっただけでなく、それを補償できる経済成長も起きなかったのである（White *et al.* 2012）。

それとは別に、小規模農業、地域の人たちの土地の権利、またある地域では食料主権を主張する丁寧な議論がある（Rosset 2011）。実際それは、小規模農業の効率性（Lipton 2009）あるいは大規模産業に取って代わるアグロエコロジー的な選択肢の利点（Altieri and Toledo 2011）に関する強力な論拠によって支えられている。けれども、投資家、民間部門のアグリビジネスの参与者、国の政府、地域のエリートたちで構成される強力な連合に対抗しようとしても、こうした代替の選択肢には賛同者が限られており、幼稚で人気取りにすぎないとして退けられることが多い。

もちろん、外部からの投資と土地取引がすべて良くないわけではなく、大規模な土地取引に関する語りには正当な理由のあるものも存する。当然ながら現実の世界は、大規模対小規模、外部対地元、食料生産対換金作物、時代遅れ対現代的のような単純な二分法のセットをめぐってなされるありふれた論争よりもはるかに複雑だ。こうした二分法を持ち出すことで、それぞれの立場を明確に人びとに伝えるわかりやすい活動への有効な手がかりを与える点は評価できるが、人びとの暮らしについての優れた分析が明らかにしようとするまさにその複雑さが、曖昧になってしまう。それに代わる戦略は、まず何がいつどこでうまくいくのかを考察し、それから小規模自作農の生産の機会のうちの最良のものに焦点を絞ったオルタナティブな語りを創り、また小規模自作農が外部の投資によって不足しているものを補える方法を探究することだ（Vermeulen and Cotula 2010）。そうした探究の仕方は、とても現実的で実践的であるだろうが、他方できわめて強い勢力に対しては飲み込まれやすく、軽んじられる傾向にある。したがって私たちが、暮らしを営んでいく権利を推進するつもりならば、政策のプロセスを特定の具体的な背景から入念に分析することが不可欠である。

ここで行っている論考は、とても複雑な例について著しく凝縮されたものだが、この議論によって、政策のプロセスについての洗練された深い探究がどのようにして暮らし（生計）の分析の中核部分に位置するのかが明らかになっている、と私は期待している。私たちが特定の地域における灌漑用水供給のような小さな事柄について話していようと、作物育種の優先順位と遺伝子組み換えのような広範な世界規模での議論をしていようと、そうしたアプローチを使って私たちは、政策がどのように形成されるのかを明確にし、およびどんな状況であれその政策が受ける支援の形態の中身を詳（つまび）らかにすることができる。そうしたプロセスを通じて開かれるか閉じられるかする政策の空間はまた、人びとが暮らしを営んでいる空間でもあり、そこには特定の政策の変更によって利益を受ける人がいる一方で損失を被る人もいることになる。

ブラックボックスの中身を明らかにする

この章で示したように、制度、組織、政策の「ブラックボックス」は中身を詳らかにする価値がある。しかし、それは第3章で議論された暮らし（生計）を分析する枠組みの中心にあるにもかかわらず、周辺に追いやられるか、うわべだけの同意を受けるにすぎない場合が多すぎる。

暮らし（生計）を分析する枠組みの制度上および政策上の要素が実際に表しているのは、権力と政治、それを支える社会的、政治的関係に注目し考察することである。これは、国家の支配体制あるいは世帯間や世帯内関係のもっと小さなレベルでの力関係を通じてもたらされる地球規模のプロセスでの政治を射程に入れることだ。こうしたプロセスが、どんな生計が可能で、あるいはどんな生計が選択できないのかを決定するのであって、制度、組織、政策に関して多様な観点から十分に綿密に分析することが不可欠である。これは、経済中心の狭い思考を克服し、単純な費用と便益の誘因にだけでなく何がどこでなぜ生じるのかにも影響する社会的、文化的次元を理解することを意味している。

◉原註

1）ある人の任務と地位が個人的な利益を得るために庇護者と依頼者の繋がりを通して利用される場合であり、そこでは公的領域と私的領域が厳密には分かれていない（Clapham 1998; Bratton and van der Walle 1994 を参照）。

第5章 人びとの暮らし、環境、持続可能性

人びとの暮らし（生計）と持続可能性の用語は、とりわけ持続可能な生計の概念の形で緊密に織り合わさっている。こうした用語は以前から使われていたが（第1章）、この概念はロバート・チェンバースとゴードン・コンウェイによる1992年の論文によって広まった。第1章で記したように、彼らの議論によると、「生計（暮らし）が持続可能なのは、ストレスや衝撃に対応してそこから回復でき、潜在能力と資産を維持ないし強化でき、他方で自然資源の基盤を損なわない場合である」（1992: 5）。こうして人びとの暮らしは、長期のストレスであろうと緊急のあるいは一時的な衝撃であろうと、移り変わる外部の圧力を含む動態的システムの中心で議論されるようになった。またその議論において、暮らしは自然資源と結びつけられ、持続可能性は自然資源の基盤を損なわないことを意味するのだ、と主張されている。チェンバースとコンウェイはさらに進んで、現在の利用と将来の利用との間のトレードオフが暮らしの分析の中心に置かれることで、持続可能性は世代間の問題も射程に入れなければならないことを論じている。また彼らは、地球規模での相互連関も議論しており、ある場所での人びとの暮らしと生活様式が、どのように別の場所での現在と将来の選択に影響しうるのかを強調する。というのも、生計の機会を推進する環境面でのいくつもの要因の中でも、とりわけ気候変動は、広域にわたって影響を与えるからだ。

したがって、持続可能性の中心的問題であるこうした事柄は、暮らし方を考える際にも、いつも核心にある問題である。しかしこれまでの章で見てきたように、人びとの暮らしおよび暮らしの分析を開発実践に適用することについての議論の大半は、「持続可能な生計」のレッテルを使って持続可能性の部分に対しては言葉巧みに同意するけれども、生計に関する諸要因については実質的には考慮していないのが実情だ。貧しい辺境地域に関する研究は、緊急性の高

いニーズ、貧困軽減、人道主義的な災害救援に集中しやすい。当然ではあるだろうが、そこにおいては現在の必要性が将来の事柄を圧倒しており、長期的で持続可能な開発に関する問題は軽くあしらわれている。これは開発において繰り返し生じる構図であり、緊急援助と開発とを統合する取り組みが専門家の実務の射程に入らないからだ（Buchanan-Smith and Maxwell 1994）。しかしながら、地球規模での気候変動に関する懸念が議論を動かし、今日ではレジリエンスの構築、気候変動適応、変化へのより長期的な対応についての関心が増している（Adger *et al.* 2003; Nelson *et al.* 2007; Bohle 2009）。とはいえ、ここでもまた関心が、より短期で緊急な対応策と長期の軽減策との間で恣意的に分断され溝ができている。同様な隔たりは、地域の適応や対応のメカニズムと、二酸化炭素の排出を削減し気候変動の速度を遅らせるもっと地球規模での政治的課題との間にも存在する。

概念としての持続可能性は、何度も明確に定義されようとしたけれども、特定の観点から決着がついたことは一度もなかった。最も包括的に、ブルントラント委員会に倣うと、それは経済、社会、環境面での要因が組み合わさったものである（WCED 1987）。これを越えたところで持続可能性は常に達成されなければならない。それはどうしても政治的概念にならざるをえず、またしばしば様々な見解が競合し対立しあう中で論争を繰り返して熟慮を重ねる作業が核心になければならないのだ（Scoones 2007）。境界にある用語として（Gieryn 1999を参照）、持続可能性は役立ってきた。つまり、誰もが自分は理解していると思っている。しかしながら、完全に理解している人や同じように理解している人はほとんどいない。それだから持続可能性は分野を超えた対話を促進する。自然科学から社会科学に至るまで、政策の分野で、経済学（「グリーン経済」についての討議から「自然資源勘定［natural accounting］」まで）から環境科学（地球規模での気候変動予測から生態系のモデリングまで）および広範の社会科学や政治学（知への問い、政治、誰が利益を得て誰が損をするのかについての問いも含めて）に至るまで、議論を促している（Scoones *et al.* 2015）。

持続可能性の用語は、森林管理のための概念としての最も初期の具体化された形から、国家間の政治的合意を表すものとしてのより広範囲の使用に至るまで、ストックホルムからリオデジャネイロおよびヨハネスブルクそして再びリオでの主な国連の会議において、広く行き渡ってきており、政治的にも政策的にもよく使われている（Lele 1991; Berkhout *et al.* 2003）。けれども境界領域にある他の用語と同様に、その意味が明確には定義しづらく様々な解釈の余地があり、したがって様々な思惑に取り込まれやすいともいえる。持続可能性を、暮らし（生計）を含むほぼすべての他の語とハイフンで繋ぐことが行われているが、これは持続可能性という語の射程が広いこと、および意味が見失われる可能性があることを示している。

ではどのようにして持続可能性を中心にしながら暮らしについての議論を進めることができるのか？ どのようにして個々の地域の次元と地球規模での次元の両次元を、長期的視野ともっと緊急の視野の両方を、捉えることができるのか？ この章では参考になる考え方をいくつか紹介し、核となる議論の一部への簡潔な道筋を提示する。

人間と環境：動的な関係

環境、人間、開発をめぐる関係に向けられる関心は、持続可能な人びとの暮らしに関する近年の政策議論よりもずっと以前からあった（Forsyth, Leach and Scoones 1998）。この基本的な関係はトマス・マルサス（Thomas Malthus）の著作、とりわけ1798年の *Essay on the Principle of Population*[*)] の中心に据えられていた。彼は人口増加がもたらす結果を懸念し、資源の需要が供給を上回った結果、飢餓、紛争、社会的混乱が生じないように、人口を抑制すべきだと主張した。資源の限界についての恐れは、1970年代初期には定着してオイルショックを引き起こし、世界の資源は枯渇に向かっているという考えを助長することで一部表面化した。これを論題にした、注目を集める一連の書物が刊行されたのは、北側先進国での環境運動の広がりと同時期で、そうした書物には、ポール・エーリックとアン・エーリック（Paul and Anne Ehrlich）の預言書的な *The Population Bomb*（1970）[**)]、*Ecologist* 誌のマニフェスト *Blueprint for Survival*（Goldsmith *et al.* 1972）が含まれる。最も影響力があったのは、ローマクラブの *Limits to Growth*（Meadows *et al.* 1972）[***)] だろう。それは資源の利用と経済を考察するためにシステムのモデル化を試み、経済成長の現在の型にブレーキをかけなければなら

＊）マルサス『人口論』斉藤悦則訳、光文社、2011年。
＊＊）エーリック『人口爆弾』宮川毅訳、河出書房新社、1974年。
＊＊＊）メドウズ『成長の限界』大来佐武郎監訳、ダイヤモンド社、1972年。

ないと主張した。今日同様な議論が、「地球の限界（"planetary boundaries"）」をめぐり、地球環境変化の推進力に関してはるかに優れたデータと洞察力を用いてなされている（Rockström *et al.* 2009）*）。

人口増加と環境破壊を理由とするマルサス的な環境衰退の捉え方はよく知られているが、いくぶん中身を検討する必要がある。ヨハン・ロックストローム（Johan Rockström）らが説得力のある形で示しているように、明らかな地球の限界（彼らは9つ挙げている）が存在し、そのいくつか、とりわけ気候変動、生物多様性の消失、窒素循環の遮断に関しては限界点を超えている。このことは、世界中の人びとの暮らしの機会に対して、および「人間が安全に活動できる領域」をどのように確保し配分するのかに関する重要な政治的意味合いに対して、大きな影響を与えるかもしれない（Leach *et al.* 2012, 2013）。物理学および自然科学の知見による環境上の変化についての警告のしるしを無視するべきではない。さらに、私たちはこうした議論によってどのようにして対応がなされるのか、またそれが様々な人たちの暮らしに大きな影響を与えることに対して注意を怠ってはならない。

資源の不足：マルサスを越えて

資源の不足について、資源の配分と人びとの暮らしに関する政策論議においてよく話題になる。けれども、どの資源が誰にとって不足しているのか？ こうした不足は、地球規模から地域のレベルに至るまでどのような政治的結果をもたらすのか？ このような論議は、土地（あるいは水、緑地）の「収奪」（第4章）に関する現代の議論において衆目を集めている。世界のある地域における資源の制約が、別の地域における土地、水、生物多様性の獲得を正当化することに利用されるのだ。たとえば、自国の高い経済成長によって、アジアの企業（と政府）が、土地、鉱物、水の資源を十分活用していないか、ほとんど使っていないと思われているアフリカないし東南アジアにおける多量の食料エネルギーや鉱物資源をますます必要とするようになって、土地取引を行っている（White *et al.* 2012; Cotula 2013）。当然ながら、これは次のような疑問を投げかける。

---

*）プラネタリー・バウンダリーとは、それを超えると取り返しのつかない環境変化が生じるという、地球システムにおける考え方の枠組み。

そのような不足あるいは豊富さがどのようにして生み出され、誰によってどのような政治的結果が生じるのか（Mehta 2010; Scoones *et al.* 2014）？ 消費の拡大は土地取引の正当な理由になるのか、またそれはどのような費用や代価でなら正当化されるのか？ 取得されようとしている土地は本当に利用されていないのか、それとも実は牧畜民か焼畑農耕者が使っているのではないのか？ こうした取引の便益と費用が、資源の新たな商品化とともにどのように分配されるのか？

もっと政治的見方で不足を捉えるならば、不足は常に関係的なものであり、特定の社会－政治的状況において生み出され、したがって人によって影響の受け方が異なる、と主張することができるだろう（Hartmann 2010）。このことは、私たちが環境と人間との相互作用を理解する際に考慮しなければならない事柄である。というのは、政策を支える語りはそのような相互作用に常に依拠しているけれども、物事が起こる時には人びとがその枠組みを必ずしも疑うとは限らないからだ。だからといって、疑う余地のない変化が実際に生じていることを否定しているわけではない。気候変動はまさしく現実のものであり、森林破壊、生物多様性の消失、土壌侵食、地下水面の低下などもそうである。だが私たちは、こうした変化が、時に大きく異なる見地からどのように理解されるのかについてもまた、認識しなければならないのだ。

秀逸な著作 *The Lie of the Land: Challenging Received Wisdom on the African Environment*（1996）において、メリッサ・リーチ（Melissa Leach）とロビン・メアンズ（Robin Mearns）は、有名なマルサス的な暗い見通しの筋書きから導き出されることの多い、アフリカにおける環境変化の語りが、どのようにして長く存続してきたのかを説明している。これは、より広範に開発一般に関してエメリ・ロウ（Emery Roe）が指摘した点である（1991）。語りの単純さは役立つが、そうした語りはまた制度、教育、訓練体制、政策機構に深く根差している。語りのこの固定化は長期間、しばしば植民地時代と独立後の期間にわたって生じている。さらに、いく度となくそうした語りを批評し疑義を挟み払拭しようとしたにもかかわらず、語りは存続している。そしてそれには科学的な根拠がさほどあるわけではなく（きわめて怪しく、少なくとも特定の事例や状況にしか当てはまらないものが多い）、語りの政治的な権力と密接に関係している。したがって持続可能性の議論は、このような語りをめぐって構築されて型にはまった対応になってしまい、特定の場所における、人間と環境との複雑で動態的な相互作用をより深く分析しているわけではない。

すべてのよく作られた物語と同様に、こうした語りには、犠牲者と救済者、善人と悪人、単純でしばしば英雄のような外部者による問題解決がそなわっている。問題の元凶として、たとえば焼畑農民、時代遅れの放牧者、薪を拾う人、炭を焼く人、狩猟採集をする人が見つけ出され、政策の語りの中でほとんど証拠なしに悪者扱いされる。その元凶とされた人のほとんどは、貧しい人、軽んじられている人、定住し教養ある農場主ないし都市生活者の規範外に生計の手段を持つ人たちなのだ。いつの間にか人びとの生計手段が違法とされて禁じられ、人びとは長い間頼りにしてきた資源にアクセスすることを否定される。いわゆる「要塞型保全」の一部として公園の生物多様性保護のために柵が設けられ（Brockington 2002; Hutton, Adams and Murombedzi 2005）、密猟取り締まり部門が設立されて密猟者を捕まえ不法な放牧をやめさせ、農作業の一部として行ってきた火の使用が禁止され、牛飼いが土壌侵食防止の名のもとに、主要な資源である湿地や川辺の利用を禁じられるのだ。

こうした方策は、善意によるものかもしれないが、全くの見当違いで科学的根拠に欠けることが多い。火の使用規制を例にとってみよう。サバンナや多くの森林生態系において、火は生態系のプロセスの自然な一部であり、豊かで多様な植生を長く保全する役割を担ってきた（Frost and Robertson 1987）。火の禁止（それに伴い焼畑農業、採蜜、移牧の禁止も）は、人びとの暮らしを損なうだけでなく、火に対する将来の脆弱性を大きくし（たとえば草地の増加によって）、また樹齢の均一な森林の増大などのせいで生物多様性が減少することを意味する。このことによってさらに、イオキニェ・ロドリゲス（Iokiñe Rodriguez）がベネズエラについて記録しているように、環境保全を任務とする人たちと地域の人たちとの間で衝突を生み出すのだ（Rodriguez 2007）。

平衡状態にない生態系

生態系は保全される（あるいは取引される── McAfee 1999を見よ）ための「自然資本」（第３章を参照）の動かない固まりではなく、複雑で動的で常に変化している。だから「平衡状態にない生態学（“non-equilibrium” ecology）」から得られる洞察は、保全、制御、環境収容力、限界などの管理上の静的な概念に異議を唱える点で重要だ（Behnke and Scoones 1993; Zimmerer 1994; Scoones1995, 1999）。平衡状態にない生態系は、ずっと精巧で対応力と適応力の高い管理のアプローチを必要とし（Holling 1973）、避けられない衝撃とストレスを考慮し、レジリエンスと持続可能性を動態的なシステムに起因する創発特性と見なす（Berkes *et al.* 1998; Folke *et al.* 2002; Walker and Salt 2006）。これは自然資源生態学者および複雑な生態系を管理してきた地域の人たちにとっては何ら新しいことではない。実際このようにして、とりわけ、降雨量、気温、火、病気、また他の生態系の駆動要因の多様性が、より安定した温帯地域よりも多い熱帯地域において、生態系は数千年間世界中で管理されてきた。けれども上述のように、一部に資源の統制と管理をめぐる語りを単純化しようとする力のせいで、管理および政策体制の大半は、森林、放牧地、生物多様性、水に対して、対応力と適応力の高いアプローチを採用してこなかった。むしろ、制限と制御の考え方に重きを置くトップダウンのアプローチが、依然として世界の資源管理の中心である。

現地の実情と政策体制のミスマッチは大きな摩擦を引き起こし、時には公然たる衝突の原因となることもある。それは持続可能性の向上には繋がらず、持続可能な暮らしの実現を促進することもない。けれども指摘されているように、ローカルな環境保護と保全の現実離れした理想像もまたそれを促進しない。たとえば、よく知られたエコフェミニズムの見解では、女性は資源を持続可能な形で管理する思いやりのある生来の性質と能力を有すると考えられている（Shiva and Mies 1993）。疑いなく真実な場合もあるが、一般化された本質主義の特徴によくあるように、その主張は、複雑なポリティカル・エコロジーが、ジェンダーによって差異化された資源のアクセスと管理の中心にあることを覆い隠してしまう（Jackson 1993; Leach 2007）。同様に、人びとと土地および資源との精神的な結びつきなどの、地域のあるいはその土地固有の知識を認めることは、過度に理想主義的になるきらいがある。地域の知識を地域の歴史、資源とその管理をめぐる様々な人たちの間の試みと争い（Richards 1985; Sillitoe 1998を参照）として軽視する単純化された一般的な捉え方を見せられることもあろう（Haverkort and Hiemstra 1999）。地域の人たちを救済者として見るこうした語りは、彼らを問題の元凶や悪者とする見方と同じくらい疑問が多い。もっと微妙に異なる仕方で様々に解釈され、差異化された分析が必要なのだ。自然を搾取する者もいれば、保護する人もいるだろう。彼らが結局はどのように行動するのかを左右するのは、自分の本質を個別地域に暮らす人間や土着の人間あるいは女性と見なすかということよりも、社会的関係および地元での政治的立ち位置の方なのだ。

適応の仕方としての持続可能性

農村の暮らしぶりについての最も触発的な研究の中には、地域の慣習に焦点を当てて、人びとの暮らしをより広範な社会的および政治的分析の中に位置づけ、深い歴史の眼差しをもって考察するものがある（第１章を参照）。男性、女性、若者、年配者、裕福な人、貧しい人、移住者、地域の人などの様々な人たちが行う日々の慣習は、環境変化への私たちの適応の仕方を表している。私たちは常に試行錯誤を繰り返してやり方を刷新しており、地域的な欠乏に対応するべく現行の慣習を強化する時もあれば、暮らし方を全く変えたりする時もある。ポール・リチャーズ（Paul Richards）は、シエラレオネの稲作農家が地域の知識を巧みに用いて、外部者によって押し付けられたアプローチに疑問を呈しながら、どのように変化に適応してきたかについて、とてもきめ細やかで深みのある記述を行っている（Richards 1986）。メアリー・ティッフェン（Mary Tiffen）、マイク・モーティマー、フランシス・ギシュッキ（Francis Gichuki）はケニアのマチャコス地方の環境と社会の歴史を詳細に記述した（1994）。彼らは経年で増加する人口がどのように土壌侵食の軽減に関わっていたのかを示している。土壌侵食と劣化についてはマルサス的な語りが支配的だが、それとは逆に、また実際に市場の成長によって拍車のかかった農業の集約化のおかげで、人びとは大規模に土壌保全に投資していたのだった。それ以前すでにエスター・ボーズラップ（Esther Boserup）が論じていたように、人口圧力はイノベーションと管理の集約化を促進した（1965）。同様な展開がナイジェリア北部カノの遊牧民定住化地域についても当てはまり、カノでもまた都市の市場と繋がった形で、きわめて集約的な生産体制が乾燥地域において出来している（Adams and Mortimore 1997; また Netting 1993も参照）。クリス・レイ（Cris Reij）らは、サヘル広域において土壌と水の保全に関する技術革新がどのように起こり他の地域に広がったのか、そしてその結果旱魃と気候変動に巧みに効果的に対応できたのかを示している（1996）。中央アメリカでは、丘陵地での生産体制の集約化が広範にわたり記録されており、多くの場合、人びとの暮らしがいかにして土壌侵食防止と栽培体系の技術革新とを結びつけて対応しているのかが明らかになっている（Bunch 1990）。インドネシアでも同様に、ジャワの伝統的な家庭菜園を見ると、農園の立体的空間をうまく利用する栽培システムが、高い人口圧力下においていかにきわめて生産的な、統合的生産方式であるのかがわかる（Soemarwoto and Conway 1992）。

新しい技術の観点や管理慣行の変化の観点から見ようと、マーケティングを場所的に見直して変更する観点や、より広範な生計戦略の観点から見ようと、こうした対応は経済的、社会的、政治的関係における変化と並行して現れている。だがそうした対応を技術的な計画の一部として意図的に移転させることは、ほとんど不可能である。だから同様な移転の試みの多くが失敗した。けれども私たちは、様々な変化に適応し、背景に寄り添って時間をかけてもっと根本的に変革していく人びとの営みを見ると、厳然と存在することが多い環境面での制約と限界が、どのように取り扱われ決定されていくのか、そしてどうして必ずしも衝突や崩壊を引き起こすわけではないのか、についての洞察を得ることができる。環境面での制約というよりは制度上、政治上の多くの制約や障害があるために、容易には変革できないとしても、変革する力のある機会は現実に存在しうるのだ（Leach *et al.* 2012）。

生計と生活様式

適応および持続可能性についての重要文献の大半は周縁的な状況について扱ったもので、そこでは貧しい人びとが、新たなストレスと衝撃に対応するために、目を見張るような創意工夫と技術を用いている。しかし、人びとの暮らしのあり方と持続可能性との関係は、世界のより豊かな地域においてもまた同様に当てはまる。この場合、問題は欠乏と不足ではなく余剰と消費過剰である。意欲的な中産階級の持続不可能性は、北側諸国であろうと南側諸国であろうと、消費主義と経済成長に起因しており、あちらこちらで記録されている。ここでの焦点は、むしろ生活様式であって、単なる生計の手段の議論ではない。

世代を越えたこうした生活様式によって引き起こされる事柄が、暮らしの分析にとって中心となる。私たちは誰の持続可能な暮らし方について論じているのか、現在の人たちの暮らしなのか、それとも将来世代の暮らしなのか？ すでに記したように、ロバート・チェンバースとゴードン・コンウェイは、複数世代にわたる暮らしの持続可能性、および環境を含む資産の何世代にもわたる継承の重要性を問題提起した（1992）。しかしながら、このテーマおよびそれが持続可能性に対して持つ意味については、1990年代以降さかんに刊行されてきた暮らしの分析についての文献ではあまり注目されていない。本書の他の部分で述べたことであるが、注目点の多くはむしろ貧困および環境変化への直接的で緊急の対応に向けられており、将来および将来世代に対してはそれほど注目されていないのだ。けれども、貧困から抜け出して日々の生存の難題に関与せずに済むようになり、生活の実態と生活様式を向上させてくれる富の蓄積に目を向ける人びとが世界中で増えているのであるから、こうした事柄は今後注目すべき課題として取り上げるべきである。

私たちの時代における政策上のジレンマの中心であるのだろうが、環境の持続可能性と経済成長との関係は、主に生計および生活様式の選択に関するものである。将来世代のウェルビーイングを担保したいのであれば、ゼロ成長戦略のみが実行可能であると主張する人たちもいる。ティム・ジャクソン（Tim Jackson）が論じているように、成長なき繁栄は、そしてより少ない物でより良く暮らすことは、可能であるけれども難しい選択だ（2005, 2011）。これは、私たちが繁栄について考え直し、国内総生産の指標を進歩の唯一の尺度と信じて疑わない私たちの妄想を捨て去ることを迫る。より豊かになることの利点は、平均余命と満足のような変数に対しては収穫逓減になることを示しており、社会での不公平、ひいては機会の現れ方、排除、搾取、支配のような要因こそが、より豊かな社会においてウェルビーイングをどのように認識するかに最大の影響を与えるようになるのだ。

したがって暮らし方が生み出すものとトレードオフおよび人びとの暮らし方のもたらす影響についての視野の広い議論が必要となる。第２章で論じたように、収入の貧困ないし消費の貧困を測る特定の尺度に焦点を絞る方法、あるいは人間の潜在能力とウェルビーイングという広範な見方を採る方法など、暮らし方が生み出すものを定義する方法は様々だ。生計および持続可能性についての議論は、私たちが「良い生活」を、したがって暮らし方が生み出すものをどのように定義するのか、そして究極的には、どのような生計と生活様式がそれを達成するのかに焦点を絞らなければならない。こうした事柄は人びとが選択するものであって、人と場所によって違ったものになるだろう。極度の慢性的貧困にある人たちにとっては、所得の増加と資産の蓄積が最優先事項であろうし、他の人たちにとっての選択肢はもっと多く、物質的な利益に限らずウェルビーイングの他の次元のものかもしれない。実際、第２章で見たように、暮らし方が生み出すものについての議論を始めると、驚くべき結果が得られる。「貧困の専門家」たちの予想に反して、貧困のうちに生活する人たちは尊厳、安心、自由を物質財と全く同じように重んじている。だから富、ウェルビーイング、首尾よく持続できている暮らし方について人びとと広範な議論を始めることで、第２章で概略を説明した、関係する各自の位置づけを参加型で決めていくアプローチにおいてと同様に、実に多くの事柄が明らかになりうるのである。

こうしたことのすべては、私たち一人ひとりが持続可能性の政治学にローカルにそしてグローバルに真正面から取り組み（Scoones *et al.* 2015）、暮らしの分析、科学技術、政策を新たに結集して、より持続可能な将来を創り出すことを要求している。これが、少ない投入への移行を意味するにしろ、それともアグロエコロジー的な農業を意味するにしろ（Altieri 1995）、食料主権、小さな地域の経済発展（Patel 2009; Rosset and Martinez-Torres 2012）、低炭素生活を新たな経済構造と結びつける「トランジション・タウン」（Barry and Quilley 2009）、あるいは単に消費のパターンを変えること（Jackson 2005）の実現は、それを決める人たちが生活していく背景と人びとの選択次第であるだろう。

世界の（都市生活者の増加する）中産階級のために持続可能な暮らし方を確保することは差し迫る課題であり、何らかの新たな急進的な考え方が必要だろう。だが農村の人びとの暮らしの枠組みおよび非常に異なる状況に合わせて開発された一連の方法（第８章）の多くは依然として実際に有効である。もちろん状況と戦略は異なるが、社会的制度、文化的慣習、政治、政策が有する媒体的役割は相変わらず重要だ。というのは、他でもないこうしたことからこそ、人びとの暮らしの過程の新たな方向性が、しかも持続可能性およびウェルビーイング（と潜在能力）のどちらももたらしてくれる方向性が現れるからである。このことによって、欲求と期待に応える生計と生活様式とを提供する一方で、環境面での境界や限界に慎重に注意を払う安全な活動領域内部において、将来の暮らし方の過程を確実に切り開くことが可能になる。これは容易な道ではなく、著しく政治的であるだろう。だが、暮らし分析のアプローチはその道のりを助けてくれる概念的かつ実践的手段を提供することができる。

持続可能性のポリティカル・エコロジー

これまで述べてきたような、複雑なシステム内部で状況に配慮し関係者が話し合いを重ねながら暮らし方を適応させようとする動的な営みこそが、資源の利用に関してであろうと消費に関してであろうと、持続可能性についてのより見識のある見方を可能にするのである。この点で、この営みを道にたとえることは有益だ。というのもそれは、持続可能性への道筋を追求しなければならないこと、選んだ目的地への道が複数ありうることを示すからだ（Leach *et al.* 2010; www.step-centre.org）。持続可能性への道のりは、こうして社会、科学技術、環境面でのプロセスの動的な相互作用を通じて踏み固められるのであり、様々な社会－技術的な変化を必要とする（Smith and Berkhout 2005; Geels and Schot 2007）。したがって、方向性（私たちはどこへ向かっているのか、持続可能性をどのように定義するのか？）、分配（ある特定の道の選択から誰が得をし、誰が損をするのか？）、多様性（どのような選択肢があり、そのように関連し合っているのか？）についての議論はどれも重要だ（STEPS Centre 2010）。

持続可能性は、様々な場所の様々な人たちによって彼らの暮らしの状況において数々のやり取りを経て決まるのであるから、究極的に重要なのはこうした政治的問いである。ポリティカル・エコロジストは、エコロジーが政治を形作るのと同様に政治がエコロジーを形成することを長期にわたって主張してきた。そこで私たちは、動的なエコロジーがどのように暮らし方の過程を創り出すのかについてのみならず、どのようにその過程を阻むのかについても意識すべきである。どの過程を採るべきかの選択に影響するのは、破壊的な地震、台風、病気の急な蔓延などの環境面での衝撃と、気温や降雨などの型における変化を含む気候変動などの長期の環境ストレスの両方である。同様に、政治的選択は生態系に影響を与える。したがって資源に関する政治経済学に注目し、同時に生態上の動態をより適切に評価することの両方が不可欠である。

たとえば、構造面で広範に推進力を与える構造的要因が働いて、所有と管理の型を変え、あるいは新たな市場の動態を生み出して資源の商品化と自由市場化に影響を与えることもあろう。それが今度は、資源を蓄積する人がいる一方で収奪される人もいるという事態を来すことになる。金融化されグローバル化された新自由主義的経済のまさに今の状況において、市場における関係がしばしば優先され、圧倒的に広い範囲を支配している（Harvey 2005）。土地、森林、鉱物、水資源を扱う市場が長きにわたり存在してきた。けれども今日では炭素、生物多様性、ひいては特定の種でさえも市場で取引されており、それによって世界のある地域での貴重な資源が保全されても、地球規模でのオフセット交換の一環として他所では搾取を許すことになる（Arsel and Büscher 2012; Büscher *et al.* 2012; Fairhead *et al.* 2012）。

たとえば、地球規模での森林の炭素取引および森林減少・劣化からの温室効果ガス排出削減（Reducing Emissions from Deforestation and Forest Degradation: REDD）体制において、森林あるいは土壌中の炭素は、世界の他の場所で排出される炭素と釣り合っている（量が一定で、したがって交換可能である）と想定されている。そこで、明確に規定されたある基準に従うと、炭素を林野において隔離することは、他所での気候への影響を相殺するためにクレジットを売却でき、気候変動の緩和にとって最終的にプラスの結果をもたらすことを意味する。世界で数百万ヘクタールの土地がこの枠組みのもとに置かれている。炭素隔離の水準（漏出と低い永続性のために予測よりも低いことが多い）および想定されたコミュニティの利益（ここでも、新たな資源評価の合意によって、立ち退き、紛争、衝突を生じる場合には、予測よりも低くなる）の両方に関して、その結果は様々である（Leach and Scoones 2015）。こうして、資源を管理する新たな市場の関係が、農村の人びとの暮らしにこれまでなかった影響を与えており、こうした動態と地球規模での繋がりを考慮に入れる視野が必要になっている。

自然のこの新たな商品化は、「グリーン経済」の一部として市場を形成し、そうして価値を生み出すことで、「自然資本」を守ることを目指しており、持続可能性の政策協議に広範囲の影響をもたらす（McAfee 2012; Corson *et al.* 2013）。実際、オフセット制度および生態系サービスに代価を支払うプロジェクトが徐々に広がっており（Büscher and Fletcher 2014）、自然の商品化は保全することで蓄積を増やそうとするやり方である。こうしてこれらのプロセスは持続可能性への過程を、とりわけプロセスの方向性、分配、多様性を決定していく。しかもそうした事柄が具現化されるのは、政治経済学が持続可能性と暮らしに関わる資源をめぐる議論において資源へのアクセスと管理に関して長期にわたり定着させてきた分析を越えて、根本的で重要なやり方においてなのである（Leach *et al.* 1999; Ribot and Peluso 2003; Peluso and Lund 2011; 本書第４章を参照）。

持続可能性の再構築：政治と交渉

こうした議論を考慮するならば、持続可能性への関心と暮らしの分析とをどのように結びつければよいだろうか？ 前に紹介した定義はまだ有効だが、上記で概説した政治的次元を包含するところまで拡張する必要がある。ストレスと衝撃には対処し、そこから回復しなければならず、資産と潜在能力は維持し強化しなければならず、夥しい数の暮らし方が依存している自然資源は損なってはならない。だが、個々人の暮らしおよびその活動の場に焦点を当てるだけでなく、市場の関係をめぐってグローバル化した政治経済、商品化と金融化のプロセス、競争が激化する資源へのアクセスと管理という背景において、個々人の暮らし方がどのように様々な折衝や交渉の末に成り立つのかについても注目すべきなのだ。

だから暮らしに利用される資源、生計の戦略と（広範な潜在能力を含む）結果として得られるもの（第２章）が、広範囲に強い影響を与える構造的な要因によって、どのように促進されあるいは制限されるのかを考察しなければならない。これは環境的な限界によって決まる「境界」であるのだが、たとえば資源の不公平な分配、世界市場での売買、あるいはエリートによる資源の収奪によって設定される社会的で政治的な境界でもあるといえるだろう。

人びとの暮らしの持続可能性は、このようにして機会と制約とが錯綜する中で様々な折衝や交渉の末に成り立っている。持続可能な道筋は多くの選択肢の中の１つではあるが、意見の多さとそれを政治的に実行しうる主体の少なさを考えると、その選択肢は必ずしも実現可能とは限らない。だから、このようにして再構築される持続可能性は、持続可能性の過程について交渉を行うことができる権力に関係している。つまり、暮らしの持続可能性は、知識およびいかなる状況下であれ持続可能性が意味すること、資源へのアクセスと管理や市場関係、様々な方向を選ぶ能力をめぐって、再構築されるのである。こうして人びとの暮らしと環境についての政治経済へと向けられる眼差しは中核となるテーマであり、次章においてもっと具体的に検討する。

第6章
人びとの暮らしと政治経済学

人びとの暮らしは特定の状況において営まれ、権力と政治に大きく影響される。第4章では、人びとが暮らしを営む戦略とそこから生み出されるものに影響する制度的、組織的、政策のプロセスに、第5章では持続可能な生計の過程をめぐる政治プロセスに焦点を絞って考察した。しかしどんな暮らしのあり方であれ、より広範な背景があり、その中で暮らしの分析を行わなければならない。この背景とは、社会集団間の権力関係を構造的に決定する長期の歴史的変化の様相の背景、国家および権力を有する他のアクターによる経済的および政治的な支配に関する背景、社会に行き渡っている生産、蓄積、投資、再生産の差異化の現れ方の背景である。言い換えれば、人びとの暮らしをめぐる政治経済学の背景だ[1)]。

多様なものの統一性

カール・マルクスをはじめとする古典派政治経済学者らは、こうした広範な変化の様相、および資本と労働との関係が時間とともに変化するさまを特徴づける歴史的プロセスに興味を抱く一方で、このような様式の根底にあって、それを生み出す多様な諸規定にも関心を持っていた。本書の第1章で言及したように、方法論についての論文『経済学批判要綱』においてマルクスは、「多くの諸規定と諸関連からなるゆたかな総体」を明らかにする批判的な経済学のアプローチが、概念的な抽象化と経験の詳細な観察との間の反復を通して現れる「具体的な」理解を明らかにしてくれる手がかりにもなる、ということを主張した。マルクスはこう述べる、「具体的なものは、それが多数の諸規定の総括であり、したがって多様なものの統一であるからこそ、具体的である」（Marx 1973: 100-101）[*)]。またマルクスは、「全体についての混沌とした表象」を避けるために、以下のような弁証法をどのように援用したかを説明している。

> 私は分析的に、だんだんとより単純な諸概念を見出すようになろう。表象された具体的なものから、だんだんとより稀薄な抽象的なものに進んでいって、ついには、もっとも単純な簡単な諸規定に到達してしまうであろう、そこからこんどは、ふたたび後方への旅が始められるべきであって、最後にふたたび人口に到達するであろう。だがこんどは、全体についての混沌とした表象としての人口にではなく、多くの諸規定と諸関連からなるゆたかな総体としての人口に到達するであろう。（1973: 100）**）

こうして物質的／構造的側面と関係的側面との両方を見ることによって、世界をよりよく理解できる、とマルクスは論じている。

このように、具体的な事柄に基づく政治経済学的アプローチによって、生計戦略の多様性を詳細に記述し、長期的な暮らしの変化の軌跡と、その軌跡を構造的に条件づけ形成するありさまとを評価することが可能になる。このアプローチはまた、政治的および経済的な連携が、異なる階級間で促進されることと、その結果広範な政治経済が構造化されることにも注目する。ヘンリー・バーンスタインが論じているように、農業が長期にわたって変化する道筋と差異化のプロセスについての重要な洞察を提供してくれるのは、多様な暮らしの手段についての具体的な状況と、階級についての関係的で動的な理解に関連する広範な抽象概念や傾向との間の、こうした反復的考察である（2010a: 209）。この主張に共感し、ブリジェット・オラフリン（Bridget O'Laughlin）は、生計分析の際の記述的で経験的に過ぎない方法を越えて、人びとの暮らしを構造的状況の枠内でもっと理論的に構想することを目指すよう訴えている（2002, 2004）。オラフリンの主張はメタ理論を求めるものではない。そうした時代はほとんど終わっている（Sumner and Tribe 2008）。オラフリンは、きわめて特異で多様で複雑な、そして状況に依存する事柄と、誰にとって何が可能なのかを絶えず形成し、また再形成する、歴史と諸関係の中にあって広範な構造に関わっている力

*）マルクス『マルクス資本論草稿集１　1857－58年の経済学草稿Ⅰ』「経済学批判要綱」への序説、高木幸二郎訳、大月書店、1990年、50頁。
**）同上、49～50頁。

との間で生じる緊張、矛盾、機会に目を向けるよう呼びかけているのだ。これに注目することによって、私たちは事柄を単に記述することから説明することへと進み、具体的で特殊なものをより広範な様式とプロセスに結びつけ、どのような「諸規定」が重要で、どのようにそれらが相互関連しているのかを示すことができる。

ではこのような多面的アプローチはどのように実行できるのだろうか？　ジンバブエの土地改革地域の調査研究において、農業の動態についての階級分析が生計戦略の説明に結びつけられた（Scoones *et al.* 2010, 2012）。それは約400世帯のサンプルおよび15の異なる生計戦略についての記述に基づいており、アンドリュー・ドーワードらが考案し上記で紹介した類型に従うと（2009, 本書第３章を参照）、「上昇する」（資産を蓄積し投資する）人びとから、「ちょっと足を延ばす」（多角化する）、「踏みとどまる」（様々な方法でなんとか生き延びる）、「落伍する」（上昇気流に乗れない）人びとに至るまでの範囲にわたっている。この調査研究の結論によると、「底辺にいる状態から資産を蓄積する」かなりの数の世帯集団が存在しており（Necosmos 1993; Cousins 2010）、それによって彼らは農場からの生産と他の地域経済活動からの資産を創出し投資を行っていた。この研究は以下のように述べている。

> この集団に含まれるのは、（資産を蓄積し、労働者を雇用し、余剰生産物を販売するなどの）新興の農村小ブルジョワ、および小規模販売用の産品生産者のかなり大きな集団である。こうした世帯の中には他よりも成功している世帯があるが、その多くの世帯にとって生計戦略の中心が再生産に向けられているからであり、資産の蓄積が中断することはごく稀だからであろう。農外所得を実りの多い農業生産に連結できる兼業的世帯もまた目立つ……。対照的に、いわゆる半小作農と兼業的世帯が多数存在し、彼らは他者に労働力を少なくとも季節的に一時的な形で売ることが多く、資産を蓄積できずに辛うじて再生産を確保する人たちが多数いる。彼らはその土地を離れるか、あるいはしばしば危険で困難な手段で生き延びるかせざるをえない。この両極端の中間に、混合集団が存在する……。（したがって）上昇軌道にあって急速に資産を蓄積して（その結果、小規模販売用の産品生産から農村小ブルジョワへと移動して）いる人たちから、失敗しているのではないが様々な手段（小規模販売用の産品生産、農外の多角化、労働の提供など）に

よってなんとか生き延びている人たちに至るまで、複数の階級に分かれて存在していることがわかる。(Scoones *et al.* 2012: 521)

重要なのは、この研究が、「底辺にいる状態から資産を蓄積している」人たちと、少なくとも一部は利益供与や他の手段による「富裕層からのおこぼれを利用した蓄積を当てにしている」人たちとを区別する点である。このことは、政治的、経済的な連携および関係する土地への両者の関与のあり方が大変異なっていることを考慮すると、農業の動態を全体的に評価する際に重要となる。この研究は、「新たな再定住を行う新興階級の動態は複雑かつ偶発的で、きちんと分類することが容易でない。加えて、年齢、ジェンダー、民族的相違がこれらの次元を越えて広がっていることで、ますます分類が難しくなっている」と締めくくっている。

他のすべての農村の状況と同様に、農地改革に続いて階級形成のプロセスが生じている。このプロセスは資本と労働との関係において分化しており、資産を蓄積する者もいれば、「少しだけ規模が大きい農業を営み」小規模販売用の産品生産にとどまる者、あるいは再生産できない者もいる。きわめてインフォーマルであることが多い労働市場は重要で非常に流動的であり、より貧しい集団が労働力を売る一方で労働者を雇い入れる人たちもいる。

小規模家族経営農場は常に変化しており、農業のポピュリストが想像する理想のタイプにはなりえない。あらゆる場合において、農場労働は特定の個別地域およびそれ以外の場所における多様な活動の形態と組み合わせて行われる。資本主義が変化するにつれて、とりわけグローバル化の中で、階級間の関係が変化するのは避けられない。同様に、こうした階級はジェンダー、世代、民族などの次元によって改編され、資本は集団に応じて異なる影響を与える(Bernstein 2010b)。

階級に関するこのような「社会的現実」が集団的な政治行動および暮らしをめぐる集団間でのせめぎ合いに発展するのかどうかは、様々な背景となる状況次第であろう(Mamdani 1996)。上記のジンバブエの事例では、農地改革後に生じた階級の形態はきわめて動的で、まだ固定化されておらず、とりわけ民族的背景が広範なプロセスを促す作用をしている地域が複数ある(Scoones *et al.* 2012)。このことを通じて集団的な政治行動の新たな形態が形成されて、小規模農業に依存している暮らしを支える助けとして広がるかどうかは、現時点では不明である（Scoones *et al.* 2015）。

階級、人びとの暮らし、農業の動態

農業の階級に関する動態は、土地の譲渡、資本家勢力の浸透、入植型の植民地化などの歴史的様態に左右され、その場所に特有の性格を帯びざるをえない（Amin 1976; Arrighi 1994）。ヘンリー・バーンスタインは本シリーズの彼の著作において、英国からアメリカ、プロイセン、東アジアに至るまで、それぞれに特徴のある農業の変化の様々な道筋を説明している。これに含まれるのは、封建制からの移行、小規模小作農から資本家的農業者の出現、徴税などの国家による課税などで、それらが他の種類の移行を引き起こす（Byres 1996; Bernstein 2010a: 25-37）。

様々な事例を実証的に検証してみると、種々の不確実な状況を反映して、「理想型」が実際にはかなり多様であることがわかる。たとえば、南部アフリカのかつて入植型の植民地だった地域においては、プロレタリア化と、成功した小規模販売用の産品生産の出現とが並行するプロセスによって、「農外所得を持つ小規模農業世帯」のような重要な異種混合階級が出現している（Cousins *et al.* 1992）。ラテン・アメリカでは、農地改革後に地主経営の「アシエンダ」（農園）からの転換によって、農村住民の半プロレタリア化が進んだ。この後には、大規模商品生産農家やプランテーションへと移行し、また小規模販売用の産品の小規模生産が一部で現れた（de Janvry 1981）。インドでは、地主制度からの転換は小作農人口の増大に拍車をかけ、その多くが、とりわけ灌漑の可能な地域において「緑の革命」の恩恵を直接的または間接的に受けた（Hazell and Ramasamy 1991）。だが同じように、所有地の細分化が進むにつれて、また「緑の革命」の恩恵を受けることができなかったところでは、土地と多様な形で繋がりながらも、農外での労働人口が大幅に増加している（Harriss-White and Gooptu 2009）。

したがって、農村の住民が農夫とは限らず、労働者、商人、介護などのサービスを提供する人などであるかもしれないし、農村と都市の境界を越えた繋がりが存在している。階級は、一元的でも当然なものでも安定したものでもない。上で紹介したジンバブエの事例研究では15の異なる暮らし方の生計戦略を説明したが、それには1つの州で実に多数の生計活動が含まれていた（Scoones *et al.*

2010, 2012)。この異種混合の多様な生計戦略と階級帰属とがあるとして、蓄積はどのように生じるのだろうか？ 南アフリカの農村部における研究をもとに、ベン・カズンズ（Ben Cousins）は以下のように論じている（2010: 17)。

> 下からの成功裡の蓄積には、生産力のある小規模な資本家的農業経営者の階級が必ず含まれており、彼らはもともと小規模販売用の産品生産者、農外所得を持つ小規模農民、政府から割り当てられた小規模農地を持つ賃金生活者、補助的に自給用の食料を生産する者などの、より大きな集団に属していた。

このように、複数の暮らしの戦略は同時に成り立って、特定の農村の動態を創り出し、社会的関係、政治、経済に幅広く影響を与える。小規模な資本家的農業経営者など生産力を有する人たちは、底辺にいる状態からの資産の蓄積を行うことができれば、いずれ労働力が必要になる。こうして、パートタイムの仕事に加えて耕作できる土地の区画を持ちうる、農外所得を持つ小規模農民に適した雇用が創出される。賃金生活者も存在するが、彼らもまた農地保有者から小さな菜園を提供してもらうか、農村あるいは都市の自宅で菜園を保持していることもあるだろう。

蓄積がなされるにつれて差異化もまた生じ、勝ち組と負け組ができる。差異化のこの型は人びとが余剰を得られる能力に応じて異なる。もちろん差異化が生じるのは階級の軸に沿ってのみならず、ジェンダー、年齢、民族の軸に沿っても生じる。こうした相違の次元は相互に影響し合い、長期にわたって暮らしの変化を左右する。

実のところ、農業・農村の変化についての理解に根差した、このような動的で時間軸をそなえた観点に立って初めて、人びとの暮らしの長期的な軌跡を理解することができる。というのも、暮らしは他と関わりなくそれだけで行われる営みではなく、近くあるいはもっと広範の他所で生じる事柄と深く関わっているからだ。このように、幅広い政治経済の観点が、どんな有効な暮らしの分析にも欠かすことはできない。

国家、市場、市民

市民、国家、市場の関係は、人びとの暮らしについてのどのような政治経済的分析においても中心に存在している。繰り返しになるが、世界の様々な地域において様々な歴史の瞬間に、これらの関係は変化している。しかし、農業・農村の変化や広範な政治的、経済的な変化における非常に大事な時に、これらの相互作用、緊張、衝突が人びとの暮らしを根底から作り上げるのだ。

たとえばカール・ポランニーは、市場と社会との間の歴史的緊張、およびその結果生じる政治形態に興味を抱いていた（1944）。人びとの暮らしの変化を中心に取り扱った著作『大転換』においてポランニーは、19世紀後半からのヨーロッパでの経済的自由主義の勃興によって、市場が地域社会から離脱したことに注目し、これがどのように資本主義および社会の危機を引き起こしたか、そしてそれがひいては衝突と戦争に至ったかを明らかにした。ポランニーの論によると、市場自由主義の出現は生産と労働の面だけではなく、配慮やケアの能力の面からも、決定的に人びとの暮らしに重大な影響をもたらした。ポランニーは二重の動きが生じたことを指摘している。すなわち、経済生活と暮らしそのものの全側面は商品化されなければならないと主張する自由市場主義者が、市場要因の道義的、倫理的、実践的規制を求める保護主義者と対立したのだ。労働、土地、貨幣は擬制の商品であって、社会の機能の根幹に深く埋め込まれているゆえに、市場経済化できるものではない。商品化のこうした形態によって、地域社会、景観、自然が破壊されるにとどまらず、不安が増し、衝突が起こり、暮らしそのものが喪失してしまうのだ、とポランニーは論じている。

資本主義と社会における現代の危機を考えると、ポランニーの業績が再び脚光を浴びているのは驚くことではない。しかしナンシー・フレイザーが主張するように、社会的な管理統制下の状態で市場を再び社会の中に埋め込むことへと向かおうとする社会的保護主義者の運動があれば十分だとするならば、市場と社会とを簡単に対峙させることには慎重であるべきだ（2012; 2013）。というのは、フレイザーが指摘するように、社会的取り決めは、その内部でいとも簡単に反復されてしまう圧倒する形式を持っているからだ。社会、市場、人間の関係は常に歴史的に形成され、生きた政治力学を伴っている。第三の動き、すなわちフレイザーによると、歴史の過程で埋め込まれたこうした支配の形態に疑義を挟む動きが必要なのだ。社会を代表する善意の国家が、必要な平衡力を提供してくれると想定するのではなく、フレイザーは市民社会という公共の領域に根差した解放のための運動を要請している。

このことは暮らしの分析を考えるうえでどのような意味があるのだろうか？ 明らかに、国家、市場、市民の間の関係は最も重要な論点だ。それぞれに関して抽象化された、静的で歴史と無関係な説明は疑わしいといえる。支配の形態は根深く、それに挑戦するのは革新的な動きでなければならない。世界の至る所で人びとの暮らしは資本主義の危機に搦(から)め捕られていて、その影響が幾重にも労働、ケア、環境に及んでいる。だから持続可能な暮らしへの政治的アプローチが、こうした問題に正面から取り組まなければならないのだ。

したがって、フレイザーによると、商品化の批判を支配の批判へと繋げることが必要になる（2011）。たとえば、資源の節度のない経済的専有を環境保護の立場から批判することが、人びとの暮らしを排除し、周縁化し、損なう強硬路線の環境保護主義に陥ってはならない。同様に、社会的保護を求め、ケア経済における暮らしの基盤の強化を要求する議論が、不平等およびその結果生じる搾取の状態を取り扱わないままで放置してはならない。

結　論

このように、人びとの暮らしについての政治経済学は、上述のすべての次元を包含し、この分析を国家、社会、自然の間の関係に関する、現代の状況に適した理論化の中に組み込まなければならない。まさしく、暮らしに関する分析についての定番である、特定の場所で誰が何を行うのかについてのミクロ的な理解を、機会を創出し制約を明確にする構造的、背景的、歴史的な駆動要因についての幅広く正しい認識へと繋げなければならない（Bernstein and Woodhouse 2001; Batterbury 2007）。次章では、暮らしの分析のいくつかの事例、および暮らしの分析のための拡張された枠組みに戻る。その分析によって私たちは、政治経済的な視野を真剣に考慮するやり方で、適切な問いを発することができるようになるのだ。

◉原註

1）この分析の立場がより近いのは、政治経済学のマルクス主義的伝統であって、近年開発研究に影響力を持つようになったガバナンスや政治的動機ではない（Hudson and Leftwich 2014 を参照）。また、この立場は生計研究の観点では Bernstein *et al.* 1992 などの研究から着想を得ている。

第7章
的確な問いを立てる
拡張された暮らし分析のアプローチ

第6章において人びとの暮らしをめぐる政治経済学的な事柄を把握した次には、私たちは的確な問いを立てることが必要になる。ヘンリー・バーンスタインが大変有益な一連の基本的問いを提示してくれており、これはマイケル・ワッツによって「バーンスタインの俳句」と呼ばれている（Watts 2012）。この問いを従来の暮らしの分析に直接結びつけると、初期の分析的枠組みを深め拡張することが可能になる。

核となるのは以下の4つの問いである（Bernstein *et al.* 1992: 24-25; Bernstein 2010a）。

- 「誰が何を所有しているのか（あるいは誰が何にアクセスできるのか）？」　これは財産および暮らしを営むための資産と資源の所有についての問題に関するものだ。
- 「誰が何を行うのか？」　これは労働の社会的分業、雇用する側とされる側の区分、ジェンダーに基づく区分についての問いである。
- 「誰が何を得るのか？」　これは所得と資産についての問いで、経年での蓄積のパターン、したがって社会的および経済的差異化のプロセスについての問題に関するものだ。
- 「人びとはそれを使って何を行うのか？」　これは暮らしを営む数多くの戦略およびその結果生じる事柄に関する問いで、消費、社会的再生産、貯蓄と投資のパターンに表れる。

この4つに加えて、あと2つ追加できる（www.iss.nl/ldpi を参照）。この2つとも、現代の社会を特徴づける社会的および生態的課題に焦点を当てている。

- 「社会的階級および社会や国家内部における集団はどのように相互作用しあうのか？」　これは、人びとの暮らしに影響を与える社会的関係と制度に注目し、さらに社会においてどの集団が優勢なのか、そこに暮らす人びとと国家ではどちらが優先されているのか、に光を当てる。
- 「政治における変化はどのように動的なエコロジーによって生じるのか、あるいはその逆はどのように起こるのか？」　これは、ポリティカル・エコロジーの問題および環境面での動態が、どのように人びとの暮らしに影響を与えるのかに関する問いである。ポリティカル・エコロジーの問題および環境面での動態が、今度は資源へのアクセスおよびその権利の保有のパターンをもとにした暮らしを営む活動によって生じる。

農業および環境に関する批判的研究にとって中核に位置する上記６つの問いは、総合的に考察することで、広範な農業・農村の変化の動態が政治経済とどのような関係にあるのかを探究する際の優れた出発点を、人びとの暮らしに注目するあらゆる研究に対して提供してくれる。次章において考察を深めるつもりであるが、暮らしの分析の初期の枠組みを６つの問いによっていっそう洗練させて使いやすくすることができるし、そうして暮らしの分析は農業・農村の変化の様相をより深く理解し、より批判的に評価する試みへと進展しうる。図表7.1はこの６つの問いを挿入した暮らしの分析の枠組みの拡張版で、初期の枠組みでは顧みられることの少なかった側面を強調している。だからといって、皆が従うべき新たな枠組みを導入しようとするのではなく、私は読者自身の版を作ってほしいと願っている。大事なのは、分析における問い、関係、関連について熟考することであり、そして次章で勧めるように、それについて答えるために方法論を様々に巧みに組み合わせて新局面を開くことだ。

政治経済学と農村の暮らしの分析：６つの事例

次にこの暮らしの分析アプローチを、６つの事例を使ってもっと詳しく説明しよう。例を示すことで、詳細な長期にわたるミクロレベルでの暮らしの分析（マルクスの諸規定）が、どのように農業・農村の変化の広範な理解に繋がりうるのかが明らかになる。もとの事例研究は上記６つの中心的問いに沿って書かれているのではないが、どれも特定の場所における現場での持続した取り組

図表7.1　暮らしの分析の拡張された枠組み　（出典：Scoones 1998）

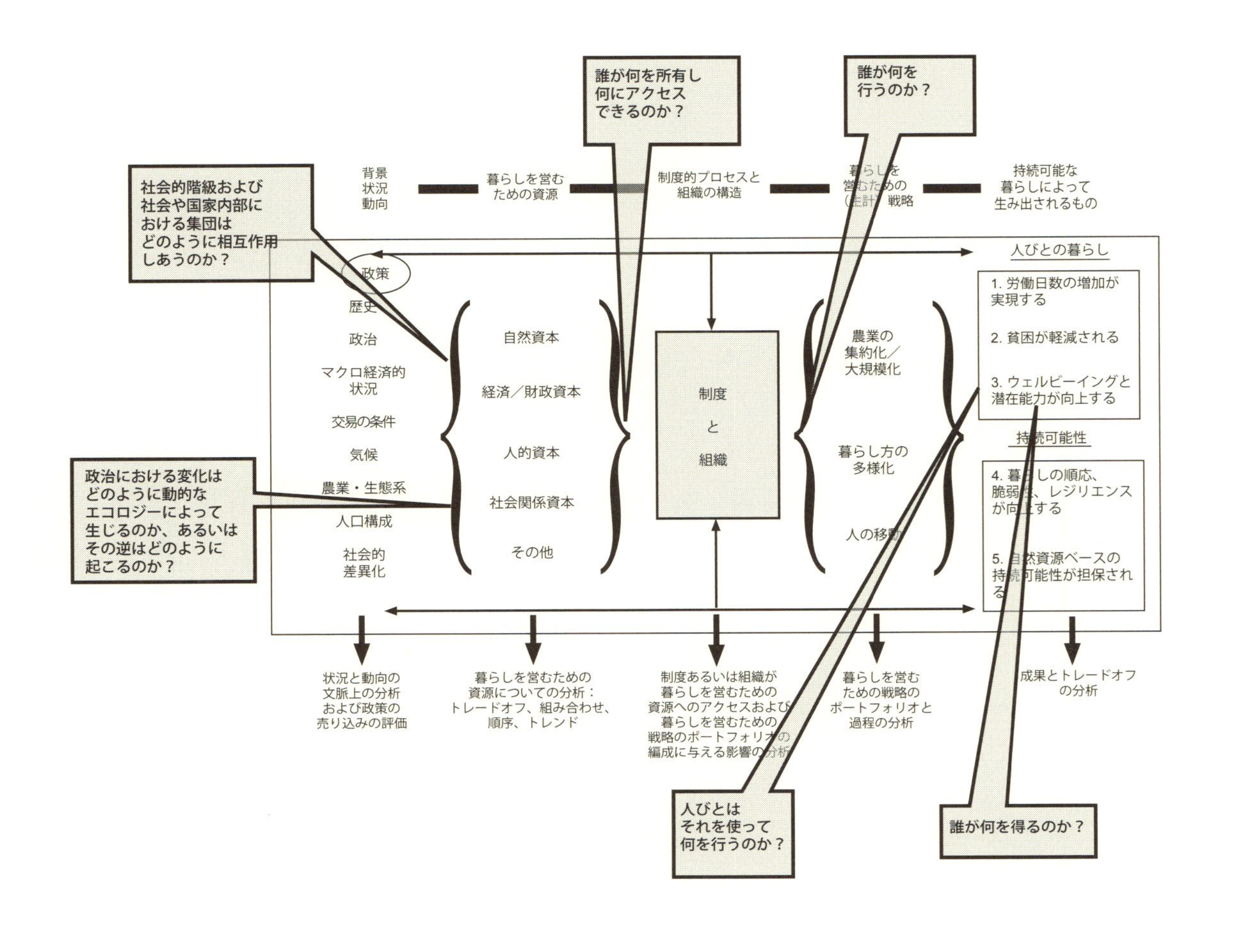

みに基づく、深みと幅のある説明を提供している。他にも優れた多くの事例がある中から、背景の横断面、有益な説明と着想源として（そうなっていることを願っているが）取り上げた。

〈事例１〉西インドの少数民族地域（Mosse *et al.* 2002; Mosse 2007, 2010）

この事例は西インドの高地森林地帯にあるアーディヴァーシコミュニティに焦点を当てている。そこでは、農業および森林をもとにした暮らし方と、インドの成長中の都市における急速な景気拡張に伴って拡大する出稼ぎ労働による経済活動との組み合わせが、ますます増えている。資本主義経済発展の結果生じた社会的関係のせいで、不利益の方向性が固定され、搾取や土地からの追放と疎外が助長されている。

「誰が何を所有しているのか？」 森林地帯における土地の権利は相次ぐ外部の介入者によって損なわれてきた。それは植民地時代の森林の境界設定に始まって現在まで続いており、とりわけ国家が後押しして土地や鉱物資源を収用した経済改革の時代において際立っていた。これによって、暮らしを営むための伝統的な戦略が弱体化し、資産の損失が増大して貧困が深刻化した。

「誰が何を行うのか？」 アーディヴァーシの農民は地域の市場向けに穀物を栽培している。市場への統合のプロセスが続くにつれ、地元市場はますます不安定になり、農民は自らの暮らしを維持するために季節的な出稼ぎに行くことを強いられている。特に農村近郊の都市での建設業での出稼ぎが大幅に増えているが、賃金が十分に支払われておらず、仕事の紹介業者が搾取する申し合わせになっている。

「誰が何を得るのか？」 かつては人里から離れていた場所が市場の勢力と資本家の介入にさらされているせいで、人びとの間の差異化がますます拡大する傾向にある。集団によっては、根強い貧困と脆弱性の度合いが増し続ける傾向が存在する。大規模な土地所有者、金貸し業者、仕事の仲介業者が利益を得ており、その結果、不平等が広がっている。

「人びとはそれを使って何を行うのか？」 小規模農民は借金を返済するために自給用の穀類を売る。不定期雇用の未熟練労働者は、賃金が低く条件も劣悪であるが、家族のメンバーが自分の村に送金し、時には農村での生産に投資することができなくはない。生産と市場の社会的関係を利用することに長けた人たちは、こうした新たな不平等の形態から利益を得ることができる。

「集団はどのように相互作用するのか？」　社会的関係には、搾取と収奪という特徴がある。市場のアクター、政府の官僚、仕事の仲介業者などがアーディヴァーシの地元農民を搾取して、農民から資産を収奪する事態が起こりうる。農民が政治に参加することを全面的に排除する仕組みが存在しており、それに対する懸念を表明する目的でアーディヴァーシの運動が始まった。しかし高度にジェンダーを反映することが多い、構造的に不利な状態は、行き過ぎた排除や時には衝突という結果を生み出してしまう。

「政治における変化はエコロジーによってどのように形成されるのか？」　しばしば外部者による商業的利用を通じて、以前森林だった地帯において広く伐採が行われている。高地は乾燥して辺境にあるので、農業生産が旱魃に影響されやすい。資源基盤への地域住民のアクセスが減少するにつれて、このような生態上の脆弱さが増大している。

〈事例２〉インドネシアのスラウェシ高地（Li 2014; Hall *et al.* 2011）

この事例が考察するインドネシアの中部スラウェシ州の高地地帯は、小規模のカカオ栽培をするために焼畑農業が放棄された地域である。国際市場の需要が社会的関係の変化を引き起こした結果、景観と人びとの暮らしが再編成されている。地元民と移住者の中には富を蓄積している者がいる一方で、資産を取り上げられて以前所有していた農場で賃金労働者にならざるをえなくなった者もいる。このプロセスは、外部から押し付けられるのではなく内部から生じたもので、人間が主体となる活動の多様な結果と、生計を構築し文化的および歴史的に引き起こされてきた変化とを反映している。

「誰が何を所有しているのか？」　地域の農民はカカオ畑を２～３ヘクタール所有しているが、そこでは以前焼畑農業が共同で行われていた。カカオの木を植えることによって土地の個別所有が広がり、土地を失う者が増加した。個人に所有されるようになった区画の土地はまた、しばしば窮乏や緊急の財政的必要のために売られることもある。移住者および裕福な階級に属する地元民が土地を買い占め、土地所有状態における差異化の傾向が強まっている。

「誰が何を行うのか？」　伝統的な焼畑農法は、穀物生産（米やトウモロコシ）と換金作物の生産（以前はタバコ、後にはエシャロット）とを組み合わせていた。換金作物は市場で売られ、海産物が購入できた。女性が農業生産に従事する一方で、男性は季節労働のために沿岸部へと出稼ぎに行くことが多かった。カカオ生産の人気が出た結果、出稼ぎ労働への依存が減り、土地を保有し続けた人たちの所得が増えた。土地から締め出されあるいは土地を売却した人たちはその地域にとどまってカカオ農場での賃金労働に従事することになった。

「誰が何を得るのか？」 土地と作物の囲い込みと商品化を通じて、急速な差異化が生じている。この結果、蓄積を大きく増やす人もいれば、土地を失って賃金労働者になる人もいる。ある場所への移住者の流入の結果、地元民と移住者との差異化が生じ、多くの地元民が不利益を被っている。

「人びとはそれを使って何を行うのか？」 カカオのブームで利益を得た人たちによる投資の一部は、住居の改善、交通、その他沿岸地域の近代化を誇示するような物に向けられた。既述のように、財産を失った人たちは今では賃金労働に頼らざるをえず、この事例でも、その賃金は生活必需品の購入に充てられる。

「集団はどのように相互作用するのか？」 権力の所在が地域のあちらこちらへと移動していくのは、歴史的、文化的、経済的プロセスに起因しており、人びとの活動の有り様を反映し、誰が何を何の理由で得るのかを左右する。その結果、年配者が蓄積を増やす一方で若者が不利益を被るというように、集団間の緊張と対立が増大している。女性はカカオ生産と市場において新たな役割を見出すことも多いが、いつもそうできるわけではない。慣習法と近代国家による法制度とが矛盾している場合には、複数の法制度において容易には解消されない対立が生じる。

「政治における変化はエコロジーによってどのように形成されるのか？」 数年間の林地休閑を伴う焼畑農業という特徴を持つ粗放的な高地地帯は、大部分が単作の商業的樹木体系に転換されており、残された森林部分はわずかだ。以前の焼畑農業は、移民流入によってだけでなく、主要作物に害を与える病虫害の定期的な発生によってもまた、継続が難しくなる状態に追い込まれており、それゆえカカオ栽培に切り替える誘因が高まった。

〈事例３〉エクアドルのアンデス山脈 (Bebbington 2000, 2001)

この事例が注目するエクアドルのアンデス山脈では、暮らしを営むための多様な戦略が複数の場所において農村の世帯を、しかも重要なことに先住民の集団を、支えることができている。人びとは農地改革後に蓄積をし、多くは出稼ぎからの所得によって農村で住宅に投資した。地域によっては、灌漑設備を備えた園芸、織物製造、交易を行う機会が生じ、とりわけ成長中の観光産業を支えている。差異化の傾向が表れてきたが、自分たちの場所や文化にまつわる物に対する特別な思いは、依然として重要視されている。

「誰が何を所有しているのか？」 1964年と1973年の農地改革によって小規模農業が軌道に乗り、アシエンダと教会の統制力が衰退した。人びとは従属的な賃金労働の関係から独立の生産体制に移行した。条件が過酷で、資源へのアクセスが十分でないせいで、暮らしの営み方の多様化が不可欠になっている。

「誰が何を行うのか？」 人びとは小規模農業生産と出稼ぎを行っている。これはきわめてジェンダー化されており、（若い）男性は沿岸部に出稼ぎに行く。しかし彼らは自分の故郷との繋がりを保ち、稼いだお金を特に住宅への投資に充てる。灌漑設備をそなえた谷底のような値打ちのある土地へのアクセスを取得して園芸栽培を行う者もいれば、小規模な物品販売、織物製造、観光業などに多角化する者もいる。

「誰が何を得るのか？」 農場からの所得は減少しており、変動がとても大きい。だから多角化が不可欠で、多くの人にとって出稼ぎが必要になる。差異化のプロセスが進行中で、地域での資産（特に優良地）を所有しているかどうか、また農外および出稼ぎの機会があるかどうかの両方に影響される。

「人びとはそれを使って何を行うのか？」 農地改革後に、より優良な土地が購入できた人たちは、農村で農業からの収益をもとに蓄積を行って利益を得た。もっと多角化した生計の手段を持つ人たちは、稼いだお金を自分の故郷で住宅や土地への投資に充てている。

「集団はどのように相互作用するのか？」 アシエンダや教会との古い依存型の関係は廃れてきた。地域社会で所有することの重要性がますます経済活動の中心に置かれるようになり、その地域での投資が行われるようになった。このことによって、政治と権力の構造で変化が生じ、地域の管財人やプロテスタント福音教会などの新たな制度が現れた。ケチュアなどの地元への帰属意識がとりわけ重要になり、暮らし方の選択を左右している。その結果、文化的経済の異なる人びとが生じ、それによって、場所に特有の暮らし方がより広範な人の移動のネットワークに繋がっている。

「政治における変化はエコロジーによってどのように形成されるのか？」 山岳の景観のせいで集約的農業の機会がほとんどなく、丘陵の斜面は過度の利用のせいで劣化している。谷床の土地は、灌漑できる可能性があるため、重要な資源である。こうした場所への差異化されたアクセスは、誰が出稼ぎをせずに農業関係の生計手段に携わることができるのかを決めるうえで重要である。

〈事例4〉西ケープワインランド、南アフリカ（du Toit and Ewert 2002; Ewert and du Toit 2005）

この事例は南アフリカの西ケープ州におけるワイン生産に着目している。ワインの世界市場が変化していることによって、産業の規制緩和および労働者の権利への政府の介入とあいまって、生産者と労働者の双方の側で暮らしを営むための機会が劇的に変化している。差異化の新たな様態が出現し、高付加価値の国際市場で販売できる生産者と、地域の市場の方により大きく依存する生産者や、正規の労働者（permanent）と日雇い労働者（casual）*）とが著しい対照をなしている。

「誰が何を所有しているのか？」 ワイン農園は規模や組織の点で実に様々で、正規労働者と日雇い労働者の雇用の状況も異なる。労働力を不定期の雇用に切り替える傾向が進んでおり、臨時雇用（temporary）の労働者はほとんど資源を所有できなくなって、町やワイン産地の都市周辺で極度の貧困生活を送っている。だが、今日の経済的な力は、生産者の土地というよりは、バリュー・チェーンの上方の加工やマーケティングに、より多く存在する。このことが、ワイン製造業者にとってどれだけの駆け引きが可能かを左右する。

「誰が何を行うのか？」 競争の激しい国際市場において、生産を最新式にする重圧は大きい。このため、正規の熟練労働力を比較的良い条件で雇用し（混血の「有色」コミュニティ出身の男性であることが多い）、日雇い単純労働力は女性、黒人、コーサ語を話す出稼ぎ労働者に頼ることになる。すべてのワイン農園が人手を減らし不定期雇用を増やしている。

「誰が何を得るのか？」 高付加価値の付く輸出市場で販売できる農民とそうでない農民との間、および異なる労働のカテゴリー間には、大きな格差が存在する。暮らしを営むための機会も同じような対照をなしている。この格差は、長期にわたる歴史、特定のブドウの品種にとっての農業－生態的条件、事業提携、労働者の技術や背景に起因する。農場は白人が所有し、正規雇用は混血の労働者が担い、日雇い単純雇用の大半は黒人から雇い入れるというように、民

＊）本事例において、permanent と casual は文脈に応じて適宜訳語を当てている。

族が、異なる機会を決める主な要因となっている。

「人びとはそれを使って何を行うのか？」 ワインの消費がヨーロッパで、そして今ではアジアで伸びており、輸出から大きな利益が上がる。そのため、成功したワイン製造業者は贅沢な生活様式が可能になる。労働法規によって正規雇用者にとっての労働条件は改善されて、賃金が彼らの暮らしを支え、支出を消費財だけでなく食料の備蓄にも使うことができる。日雇いの労働者は増加していて、女性であることが多く、都市や都市近郊の集落で劣悪な条件のもと農産物を売った収入で生活しており、賃金が得られる雇用にはほんの一部分しか頼ることができない。このグループは極度の貧困を経験することが多く、暮らしを営むための様々な活動と社会保障の給付金に頼って生き延びている。

「集団はどのように相互作用するのか？」 以前はどの民族に属するかによって決定され、家長とメンバーの関係に似通っていた、農場の所有者と労働者との相互作用は変わりつつあるが、その変化は遅々としたものだ。いまだに民族の違いがこうした相互作用を規定し、緊張が表面化している。労働条件の改善を目指した政府の法規は積極的には適用されず、日雇い労働者にはほとんど助けにならないようだ。組合のないところが多く、農場の取り決めが家父長的な影響力の下にあるせいで、労働者の組織はあまり力を持たない。

「政治における変化はエコロジーによってどのように形成されるのか？」 高付加価値の輸出市場に向くブドウの品種はごく限られ、ケープ半島のより湿潤な地域で栽培される。乾燥した地域での農業経営はそれとは異なる市場に頼らざるをえない。このように、その土地の生態が市場の機会を左右し、したがって暮らし方の形態にも影響している。

〈事例５〉アッパー・イースト州、ガーナ北部（Whitehead 2002, 2006）

この事例は、ガーナ北部アッパー・イースト州にある乾燥地域の極度に痩せた耕地を取り扱っている。ここでは乾燥地での粗放的農業が農外活動や出稼ぎと結びついている。〔田畑や家畜などの〕主要な資産に恵まれていること、および大規模なコンパウンド世帯における労働を管理することが、暮らしをうまく機能させるうえで重要だ。

「誰が何を所有しているのか？」 土地は比較的豊富で、規模は実に様々であるが、世帯の男性メンバーが広い農地を耕作していることが多い。女性は家の近くで小さめの農地を利用している。農地の区画は、家の近くのより集約的に耕作する農地と、家から離れたところにある広い耕地とで分化されている。主要な資産は、畜牛と小型の家畜の両方を含めた家畜、および田畑である。とりわけ肥料の価格が上昇しているので、家畜から得られる厩肥は農業生産にとって重要だ。資産所有の形態はきわめて差異化されており、少人数の男性が大半の家畜と耕地とを所有している。

「誰が何を行うのか？」 コンパウンド世帯の男性は、綿花、ラッカセイ、マメ類、イネに加えて、ソルガム、ミレットを栽培する。女性は主にラッカセイと野菜の栽培を行う。市場での商売のような農外の仕事に従事する女性が増えているが、たいてい利益はごくわずかだ。男性は乾季に出稼ぎに行くが、こちらも賃金は低い。かなり貧しい世帯は農繁期により豊かな世帯に出来高払いの労働を提供する。

「誰が何を得るのか？」 最初から資源（とりわけ畜牛と農機具類）および大きなコンパウンド世帯の賃金労働としてすぐに使える労働力に恵まれている世帯は、富を蓄積して、予測のつかない天候や生産物市場に対する脆弱性を減らすことができる。労働力へのアクセスは世帯を差異化する主な要因であり、これは時とともに、死、病気、虚弱、男性人口の流出などの偶発的な要因に加えて、人口動態のサイクルのために変化する。外部の経済的要因は、国家レベルでの広範な経済危機によって突然引き起こされることがあるが、価格の低迷、政府による支援の中止、出稼ぎ労働の機会の減少を通じて、生計にマイナスの影響を与えている。

「人びとはそれを使って何を行うのか？」 投資は、主要な資産である家畜と耕地に集中している。食物や他の日用品が購入できるように、小型の家畜が作物の端境期の売却用として重要だ。住宅（トタン屋根）、子どもの教育、健康管理への投資は重要である。農外所得と賃金労働の支払いはわずかであることが多く、人びとは農業に十分な時間を割くことができず、不足と脆弱性から逃れられない貧困の罠へと陥り、極貧状態になるか、あるいは出稼ぎに行かざるをえない人も出てくる。

「集団はどのように相互作用するのか？」 大きな世帯のコンパウンドは、主要な資産の保持と協同的労働の単位である。世帯と雇い入れ労働者の管理は、良好な社会的関係に依存する重要なプロセスだ。成功しているコンパウンドにはより多くのメンバーが集まり、したがって労働力が増え、好循環が生じる。こうした社会的関係に投資すること、および世帯の内外での衝突を巧みに管理することは、暮らしが良くなっていくために不可欠である。政府やNGOのプロジェクトを通じた外部の支援は、一部の人たちしか利用できなかった主要な資産をより広く利用できる形に変容させた点で、重要なものとなっている。けれども、土地をめぐる競争と紛争とがとりわけ民族集団間で激しくなっている状況下では、たいていの人は著しく不利な労働条件と市場の関係を頼みにせざるをえない。

「政治における変化はエコロジーによってどのように形成されるのか？」　乾燥地域での粗放的な作付けが、サバンナ地帯での中核となる農業戦略だ。それでも、タマネギ栽培のための旧河床のような、より湿潤な小区画へのアクセスは、一部の人たちにとっては重要である。投入が途切れた場合、家から離れた農地の土壌肥沃度の低下が生産に影響する。低木林地はまだ開拓や放牧に利用できるが、今では村から遠くなっており、土地をめぐる争いが激化している。

〈事例6〉河北省、中国北西部（Jingzhong, Wang and Long, 2009; van der Ploeg and Jingzhong 2010; Jingzhong and Lu 2011）

この事例が注目するのは、北京から約300キロに位置する河北省の易県である。この研究は坡倉郷一帯を対象とした一連の網羅的な農村調査をもとにしている。この地域では２度の急激な変化が起きており、最初は生産体制が共同農場制から生産責任制に移行した時に、次は中国の急速な工業化に伴って主に男性の労働力の需要が高まった時であった。戸籍管理制度下では家族のメンバーは都市へ移動するのを妨げられ、確実に農村の家に繋がり続けるようにされている。しかし上記の変化のせいで、人びとの暮らしに大きな変化が生じており、少なくとも４つの変化の道筋が観察される。まず、小農的生計と生産を強化したが、同時に農外の活動を拡大する人たちや、新たな農産物に特化している人たちがいる。次に、農業をやめて町や村で事業を興し、鉱山労働や商売あるいは出稼ぎによって、農外活動から生計を得ている人たちもいる。それから、男性が外に出稼ぎに行って高齢者、女性、子どもが残されるので、ごく狭い農地で簡単に作ることができるように農業の規模を縮小する人たちもいる。さらに、暮らしを営むための機会がなくなってしまって貧困に陥る人たちもいる。以上のように、土地が個人に割り当てられた時には同じような資産から始めたにもかかわらず、差異化の傾向が現れている。それは政府の政策、村内外の社会的関係、人口移動のパターンの変化によって影響される。

「誰が何を所有しているのか？」 1980年代初頭に土地が家族営農請負制のもとで分配され、各世帯が同じ面積の土地を得た。今日では土地の面積は通常1ヘクタール未満と狭く、わずか0.1ヘクタールほどのこともあれば、他の農家に賃貸する人もいる。村人は請負制度を通じて山地にアクセスできる。そこでは1ないし2ヘクタールを50～70年間請け負って放牧や樹木栽培を行う。地域での主要な資産は家畜（特に毛織物生産のための山羊）および樹木（とりわけリンゴやクルミなどの果樹と堅果のなる木）である。これらの農産品は近年、産品の特化の対象になっている。

「誰が何を行うのか？」 上記の道筋を反映し、複数の手段が組み合わされて暮らしが営まれている。伝統的な農業生産は、コムギ、トウモロコシ、サツマイモ、ラッカセイが多く、季節によって灌漑を行う。出稼ぎは重要な生計の手段で、大半の世帯から1人か2人、大抵は男性が期間を定めずに北京のような工業の中心地に行く。10年もの長い間家を離れる出稼ぎ労働者もいて、わずかな回数しか家に帰らない。他方、もっと家の近くの近郊の町や、その土地の鉄鉱石やバーミキュライトの鉱山で雇用されて定期的に帰省できる人もいる。住民の人口の大半は高齢者、女性、子どもである。子どもたちは農場および農外の仕事に欠かせない労働力だ。大人の労働人口が少ないので、営農の規模を縮小し簡略化する人もいる。農外所得活動は多岐にわたり、商売、製粉機の操作、春雨の製造、レンガ製造、飼料の販売、さらにはサソリの繁殖なども含まれる。

「誰が何を得るのか？」 同じような面積の土地が分配されたにもかかわらず、送金による所得へのアクセスが異なることによって引き起こされる差異化の傾向が強まっている。知識、専門技能、移動や社会的関係を通して発展した交流に頼ることで、富を蓄積できるようになった人たちがいる。他方で、毛織物の生産、野菜のための灌漑、薬草の栽培のような特定の高付加価値を生む活動に特化することで、より豊かになって農村での暮らし方を強固にできた人もいる。

「人びとはそれを使って何を行うのか？」 送金は、住宅や消費財への投資だけでなく農業生産への多額の投資も刺激している。これには農業設備（三輪トラクターや灌漑設備など）、投入物（肥料を含む）、インフラ（温室など）が含まれる。しかし送金による所得の多くは、基本的な社会的再生産と、後に残された家族が生き延びるための社会保障システムの一部として使われる。

「集団はどのように相互作用するのか？」 出稼ぎによって歪んだ人口構成が生じ、そのために、しばしば祖父母が子どもの面倒を見るという、ケアに関する新しい関係が生じている。親が不在で、しかも子どもが重要な働き手になっていることで、子どもの側に好ましくない社会的、心理的影響を与えかねない。信頼と協力に基づく社会的繋がりを通じて知識と専門技能とを獲得することによって、富を得る村人もいる。政府は、土地の分配から、工業化を地方にもたらすための支援、出稼ぎを制限する戸籍管理制度にまで、人びとの暮らしがどう形成されるのかに大きな影響を与えている。

「政治における変化はエコロジーによってどのように形成されるのか？」　この地域は、山がちの痩せた砂質土である。谷筋の河川沿いの地域での灌漑へのアクセスは、作物の栽培にとって不可欠であり、また請負制度を通じた山地の放牧へのアクセスが、家畜の飼育にとっては重要だ。この地域の鉱山業の存在は暮らしを営むための農外の機会に影響を与える。優れた灌漑をそなえた土地が不足していることで、農業分野の成長の可能性が制限され、農外活動の多様化と出稼ぎが促進されている。

明らかになったテーマ

極端に異なる状況から採られているが、上述の事例のどれもが、農村における人びとの暮らしが動的で多様で、長期のプロセスと広範な構造的推進要因によって形成されているということを示している。農業活動と農外活動が組み合わされて営まれており、農村と都市との繋がりは不可欠だ。バーンスタインが述べるように（2010a）、暮らしの型あるいはその中核となる本質を表す単純な属性は表現できない。暮らしを営む人は農夫であり、賃金労働者、商売をする者、出稼ぎに行く人であり、同時にそのすべてである場合もあろう。次章で示すように、農村における人びとの暮らしを理解するには、いろいろな方法を組み合わせて、長期的に見ていくことが必要だ。上記の事例から明らかになった以下の６つのテーマがあるが、それは本書においてこれまで挙げてきた鍵となる論点のいくつかを補強するものである。

- 多様な農村の暮らし方は農業・農村の差異化の長期的なプロセスから生じる。蓄積のパターンがどのように誰の利益になるように発生するのか、異なる階級がどのように形成されるのかを理解することが不可欠だ。新興の階級は、たとえば賃金労働あるいは起業的活動と、農業とを両方行うというように、多様な仕事を営む様々な人が混じっていることが多い。暮らしを営むための異なる手段を動的にブリコラージュのように組み合わせるのが一般的なのだ。農民が農業だけをしていることはまれで、賃金労働者が暮らしを維持する他の営みにも従事するのと全く同様である。このように、多方面にわたる包括的な生計の手段が必要不可欠になっている。

- 暮らしを営むための活動の多くは、農場の範囲外の、広範な農村地域あるいは都市において生じている。世代を超えた長期の、世帯内や世帯間でのこうした場所の繋がりが、人びとの暮らし方の理解には必要だ。最貧グループの人たちは、暮らしを営むために、脆く不安定であっても数種類もの活動を行わなければならないことがきわめて多い。出稼ぎ労働はあちらこちらで見られる特徴で、それによって送金されたお金が入ってくるだけでなく、向上心、文化的価値観、規範を変化させるゆえに、地域の暮らしに根本的な影響を与えている。
- 人びとが営むあらゆる暮らしは広範な市場の変化や地球規模での関係に影響される。世界市場における変化には波及効果があり、そのため暮らし方に広範な視野を取り入れることが不可欠になる。実体として目には見えなくても、国家も重要だ。規制、規制緩和、基準設定などのプロセスは、誰が何をすることができるのか、何が利益になるのかに影響する。国家が外部からの投資やインフラの発展を促進することもまた、暮らしを営むための機会を根本的に再形成する。
- しかし、世界レベルと国家レベルでの変化は常に個別地域の事情を介して伝わってくる。つまり、それぞれの人の暮らしが受ける影響は画一的ではなく、暮らしに関する調査研究には、地域の社会的、制度的、政治的プロセスを詳細に理解することが要求されるということだ。不測の事態、行為主体の特徴、特定の背景における経験はどれも、広範にわたる資本主義的プロセスがどのように機能するかを説明するうえで重要であり、歴史的、文化的、社会的関係は長期的な暮らし方の変化を明らかにする際にいつも不可欠である。
- だから政治経済学的分析は、社会的関係の理解を明確に示し、さらにその関係がどのように制度と組織に影響するのかを明確に説明する必要がある。このことは、世帯内の労働の管理のようなきわめてミクロな状況から、農民や賃金労働者の協同組織のように広範なプロセスに至るまで、様々なレベルでなされる必要がある。したがって政治経済学は、構造変化のマクロ的特徴について考察するだけでなく、生産、再生産、蓄積、投資に関わる権力関係についてのミクロレベルでの動態もまた取り扱うのである。

- 急速に進む差異化の状況においては、権力間の激しい対立、暮らしを営むための資源の権利をめぐって競合する主張、集団間の対立が、繰り返し生じている。この特徴は、はっきりとは区別できない多様な制度的、法的取り決めが関与して、明確な形での交渉や調停を困難にする場合に際立つことが多い。移住者と地元民、世代間、ジェンダー間、地主と労働者間の対立はどれも、上記の事例から明らかに読み取ることができる。だからこうした対立の根源と動態を理解するために、人びとの暮らしの分析は権力と行為主体との相互作用を注視しなければならない。

結　論

特定の状況における人びとの暮らしを、農業・農村の変化、蓄積と投資のパターン、階級形成の広範なプロセスと結びつけて、詳細に経時的に分析することで、私たちは個別地域の現実と広範なプロセスとを繋げることが可能になる。このためには、生産と労働との社会的関係および生産と労働の生態上の基盤について、的確な問いを立てる必要がある。この章で提示した６つの中心的な問いが、端緒となるチェックリストを提供してくれる。上で議論した事例を見ると、これらの問いにどのように答えるかが、とても多くの事柄を明らかにし理解させてくれるということがわかる。しかし各事例にはそれぞれにぴったり合う独自の探究が必要だろう。だから、それらの事例は持続可能な暮らし分析の枠組み（図表7.1）と並んで役立つ助言とはなるだろうが、追従し、あるいはそれだけを参考にする形で利用するべきではない。

私たちの大きな課題は、何がなぜ起きているのかを解明し、明らかになった事柄を変化の政治的および経済的動態に関する広範な理解の中に位置づけることだ。というのも、この洞察をもって初めて、人びとの暮らしを支援する介入が成功しうるからである。だから、研究を行う場合であれ、実践を行う場合であれ、その両方を行う場合であれ、私たちは何が誰のために役立つのかを評価し検討するためには、人びとの暮らしが変化する道筋の多様さ、およびそれらの関係を知る必要がある。また、誰が勝者で誰が敗者なのか、どの制度的、政策的手段に牽引力がありそうかを理解するためには、国家の役割やそれが暮らしが生み出すものに対して持つ重要性など、社会的関係や制度の根底にあるパターンを知る必要がある。さらに、人びとの暮らしとエコロジーがどのように相互に影響し形成し合っているのか、そうして人びとの暮らしがいかにしてもっと持続可能になるのかを知る必要がある。

人びとの暮らしへの介入は常に、複雑な歴史、および繋がり合い作用し合う多くの関係をそなえた動的なシステムに足を踏み入れることだ。介入がどのように徐々に進展し成果を生じるようになるのかを理解するには、そうした複雑さを正しく認識しなければならない。人びとの暮らしへの介入が、土地保有法制における変化、人の移動に関する規制の変化、何らかの社会的集団における資産形成に対する支援、特定の作物の集中的な研究と普及、その地域にある小規模な企業への投資、さらにはそのいくつかを組み合わせたものであろうと、どれも介入の影響は、人びとが暮らしを営んでいくシステムの隅々にまで及ぶ。だからといって介入を控えるよう論じるつもりはない。なぜなら、貧困の軽減、生計の改善、経済的および社会的エンパワメントはきわめて重要だからである。このような介入に従事する人たちは、本書で論じているような暮らしの分析を取り入れることによって、より多くの知識と知見を得、より優れた洞察力と分別を持ち、暮らし分析のアプローチの文脈におけるリスクと結果によりよく対応することができることになる。

第8章 暮らしの分析のための方法

前章で説明した類いの問いに答えるには、いくつかの方法を組み合わせる必要がある。その目的は何よりも、人びとの暮らしの変化に関する議論の「とば口を開き」、「幅を広げる」ことでなければならない（Stirling 2007を参照）。それには、定量的、定性的、熟議的、参加型など多様な方法を持ち寄るのが適切だ（Murray 2002; Angelsen 2011）。だがどのように選べばよいのか？ これは不可能な課題ではないのか？

分野が過度に専門化され、それぞれの分野で従うべき研究方法について盛んに発表していた頃よりも前なら、研究者にとって方法の選択はずっと容易だっただろう。より柔軟性を持って機会を見逃さず、もっと学び、チームを組んで多くの仕事をすることが可能だったし、異なる分野間の対話もずっと盛んだった（Bardhan 1989 を参照）。同様に実践者にとっても、開放性が高く学びの機会も多かった。その頃は「監査文化（"audit culture"）」*) の圧力は少なく、成功や影響力を求める動因もさほど強烈でなかったのだ。そういうわけで、課題が実践的で、問題解決を志向していた時代に、暮らしの分析のアプローチが芽生え繁茂するようになったのは、驚くことではない。実のところ、暮らしの分析のアプローチは今ほどには狭隘に専門化されたり、関連する方法、尺度、指標を過度に負わされたりしておらず、お役所仕事によってさほど邪魔されてもいなかったのだ（第１章）。

この章では暮らしの分析に用いられる様々な方法を吟味する。手始めに、方法をどのように組み合わせれば、分野ごとの縦割りを打破し、人びとの現実の暮らしが複雑で多様である状況を把握できるのかを問う。それから開発の行動

*）監査文化とは、個々人が客観的な基準で自己を点検し評価して、他者にその説明責任を果たす義務を負わされている状況をさす。

と政策において暮らしの分析のアプローチを運用するための方法を検討し、その方法が人びとの暮らしの複雑な実態を把握するという要求にどのように応えるのかを考察する。最後に、政治経済学的な分析を暮らしの分析のアプローチの中核に埋め込む課題に戻るつもりである。

方法の組み合わせ：分野の縦割りを越えて

方法論的に見て、暮らしの分析の初期のアプローチの特徴は何だったのか？第１に、エコロジーと社会との相互作用、および政治と経済との相互作用に対して関心を寄せていた。今日のように分野の分断があったわけではなく、自然科学と社会科学、経済学と政治学との整然とした区分は存在しなかった。第２に、歴史および長期的動態への視点を重要視していた。このため、ある時点の観察を歴史的文脈に位置づけることができた。マルクスの場合にそうだったように、歴史的変化についてのきわめて特定の理論を用いることもあった。農村調査のアプローチは際立って長期的視野に立っており、30年を超えることもあった。第３に、様々な観点から検証すること、異なる視点から考察すること、異なる方法を使うことなどの、よく知られたトライアンギュレーション[*)]の原理が用いられていたことは明らかである。

1970年代から1980年代に、分野の枠内で物事を進めるやり方が開発業界だけでなく学界全体をも支配していたので、視野が狭く単一であるという問題が顕著になった。たとえば医学や量子力学など分野によっては、専門化には明白な利点がある。だがそれ以外では利する点が少ないようだ。少なくとも世界銀行や基幹となる開発諸機関のような重要なところでは、基本的に開発が新古典派経済学の特定の分派の見解から考察されたので、開発の視点はいっそう狭くなった。それに伴い、ますます思慮の足りない提案がなされるようになった。構造調整計画が解決策だと見なされた。その後のことは読者がご存じの通りである。この時期を見ると、単一の分野の視野が支配的になることで、いかに方法が狭隘になり、議論が進まなくなり、広範な観点が遮断され、アプローチが批判に対して開かれて広まることができなくなるか、ということがよくわかる。

＊）複数の方法で収集されたデータを突き合わせる方法。

この事例に見られるように、政治的および制度的プロセスによって強化され、他の選択肢を封印したアプローチは、成果を大きく損なって広範囲にわたる問題を引き起こしかねない（Wade 1996; Broad 2006）。

もちろん、この覇権に抵抗する動きはあった。それは社会運動や学界から、実践者、そしてその弊害が次第に明らかになるのを見た他の人たちに至るまで、いくつもの場で現れた。たとえば、1970年代後半に、ロバート・チェンバースが後に「調査の奴隷（"survey slavery"）」と称したものの限界に失望して、速成農村調査法（rapid rural appraisal: RRA）が出てきた。これは人類学、心理学、農業生態系的分析などの方法に依拠しており（Howes and Chambers 1979; Chambers 1983; Conway 1985）、1980年代に多くの支持者を得た。研究者と実践者によって開発されたこのアプローチによって、現場のチームは、農村に入って行き何が起きているのかを発見し、人びとが営む暮らしについての現実的理解を得ることができた。これは、現地調査において地域の人たちの直接的参加が奨励された際に、「参加型調査法（"participatory appraisal"）」（Chambers 1994）や「参加型学習と行動（"participatory learning and action": PLA）」[1)] として知られるようになった。

話を1970年代に戻すと、その頃から同様な路線の、しかももっと過激といってもよい動きが、社会活動家や研究者の間で、特にラテン・アメリカの人たちの間で現れた。「参加型アクションリサーチ（"participatory action research"）」と名づけられたこの動きは（Fals Borda and Rahman 1991; Reason and Bradbury 2001）、パウロ・フレイレ（Paulo Freire）、および伝統的な学校教育と学習の仕方に対する彼の批判（1970）から着想を得ている。解放の神学の一部として社会運動によって継承されたこの動きは、人びとがとりわけラテン・アメリカの独裁政権の圧制と対決しながら自らの生活状況についてのより深い理解に基づいて行動を喚起する際に、きわめて重要になった。

政策レベルでは特定の分野が覇権を握っていたが、現場では多くのことが生じていた。農村調査の伝統が続いており、農村地域における変化の長期的動態に関する詳細な調査研究が数多く遂行された。スティーブ・ウィギンス（Steve Wiggins）がアフリカにおける26の研究一覧を作成しているが、どの研究も、変化がどのように複雑で多様かを明らかにしている（2000）。２つの例を挙げると、長期の歴史的知見に富むサラ・ベリー（Sara Berry）によるガーナについての研究（1993）、メアリー・ティッフェンらによるケニアについての研究（Tiffen 1994）は、人びとの暮らしについてのその後の研究にとって力強い刺激になっている。南インドでは、国際半乾燥熱帯作物研究所（International Crops Research Institute for the Semi-Arid Tropics: ICRISAT）の研究が、それ以前の農村研究から直接刺激を受けて行われた（Walker and Ryan 1990）。総合的評価がファーミングシステムズリサーチ[*]の中核であるが（Gilbert *et al.* 1980）、これは社会－経済的研究を現場の作物栽培学と連携させるアプローチである。のちの農民参加型研究（Farrington 1988）や参加型技術開発（Haverkort *et al.* 1991）は、どれも参加的手法における複数の方法を使いながら現場ベースのチームを分野横断的に統合する原理に基づいていた。同様に、環境的および生計の変化に関する長期的研究は、技術的で生物物理学的な分析を人びとの暮らしの評価に結びつけている（Warren *et al.* 2001; Scoones 2001, 2015）。

貧困問題の研究者が長期の動態、推移、最低限度で生きていくことの条件（第２章）を再認識した時に、経年的研究が再び注目されるようになり、繰り返しのパネル調査と長期の民族誌的調査が活用された。ピーター・デイヴィス（Peter Davis）とボブ・ボールチ（Bob Baulch）は、バングラデシュでの貧困研究にそうした方法を用いて有益な調査を行った（2011）。彼らもまた定量的方法と定性的方法の組み合わせ、パネル調査と生活史の方法の組み合わせなど、いくつかの方法を組み合わせる重要性を主張している（Baulch and Scott 2006）。

近年では、農村の体制に関して主張されることの多い、複雑性という特徴が、開発研究において方法論的注目をますます浴びている（Eyben 2006; Guijt 2008; Ramalingam 2013）。複雑性のアプローチは、サンタフェ研究所の定量的モデリング[2]の伝統から、グラウンデッド・セオリーや創発性の分析（Denzin and Lincoln 2011）をもとにした、もっと定性的な探究に至るまで、複雑系科学と複雑系の手法を用いた方法論の長く多様な伝統に依拠しており、暮らしの分析に関する研究の概念的および方法論的ツールボックスに加えられる重要なツールになっている。

どのような方法論的立場を使うにせよ、すべての洞察は、必ず特定の立場に立脚し複眼的で部分的である。これはフェミニストによる評論において強調されてきた点で、それによると、あらゆる知識は必然的に「状況に置

＊）日本ではこの用語を耕作形態に関する調査研究と理解している文献もあるが、本章の文脈に見られるように、農業・農村・人びとの暮らしを分析する方法論を示す言葉である（18ページを参照）。

かれて（"situated"）」いる。さらに、「情熱を持ちつつ距離を置く（"passionate detachment"）」立場、つまり、身体性との関わりを持たない客観性や普遍性を標榜せずに、様々な差異に基づいて自らの立ち位置を関係性の網の目の中に読み取ることの重要性をも認める立場が、いかなる調査研究にも不可欠である（Haraway 1988）。別の言葉でいえば、だから私たちは知の形成においては、予断および裏づけに乏しい憶測がないかを問いただし、また研究を進める過程においては、自らの存在と立場を十分意識し、それが研究の対象や方向性にどのように影響しているのかを絶えず批判的に内省すべきなのだ（Prowse 2010）。

人びとの暮らしの評価を実際に利用するうえでのアプローチ

暮らしの分析のアプローチの登場と、広範な議論におけるこのアプローチの趨勢とに対して、現場の実践者や政策策定者はどのように応答してきたのだろうか？ それはどのような具体的な方法やアプローチとして、実際に利用されてきたのだろうか？

上記で説明された議論から得られた複数の洞察を結びつける場合によくある反応の１つは、人びとの暮らしについての包括的な調査あるいは評価を、開発プロジェクト、救援活動、ないし災害対応の一部として行うことだ。それには多種多様な形態があり、複雑さや洗練され方の度合いも様々である。

アフリカでは「家計アプローチ（"household economy approach": HEA）」が広く使われている。これは1990年代初期にイギリスのセーブ・ザ・チルドレンによって考案され、センに倣って、生産にではなく食物へのアクセスに焦点が当てられた。もともと緊急支援が必要な状況のために作られたのだが、それ以来広範な開発の取り組みへと拡大している。〔食料への共通するアクセスや生計の手段などで分けられた〕人びとの暮らしぶりの異なる大まかな分類に対して、富裕度による分類に基づいて評価が行われる。暮らし方が生み出すものの分析は、〔平年の所得や食料などへのアクセスをもとに算定される〕ベースラインの評価、および対処戦略が用いられる場合に旱魃などの危険要因がもたらすと推定される結果の評価から引き出される。力点が置かれるのは、人びとの生活の守り方および生存の限界条件（＝閾）である。このアプローチは次第に洗練されたものとなり、人びとの暮らし、および貧困の動態についての広範な研究に用いられるようになった。実践者向けの最新の手引きは401ページに及び[3)]、制度や政治経済学のような事柄に対するアプローチにまで広がっている。

同様なアプローチが脆弱性の評価に使われている[4)]。ここでも、評価は食料需給アプローチから始まるのが普通だが、農業内外両方の生計など、食物を得ることに繋がる一連の活動を考察する。年間を通じたモニタリングよりも緊急対応に関係することが多い災害評価は、特に変化する資産基盤と対処戦略に焦点を絞っている[5)]。だがここでも、救援を支援するのみならず復興の業務もまた支援するために、人びとの暮らしの全体を包括的に見ようとする。

貧困の評価は貧困軽減のペーパー作成において必須のステップとなっており、農村と都市両方の多様な暮らし方を評価することが必要である（Norton and Foster 2001）。それは広範な調査として行われる時があり、上記で説明した調査手法と指標とを組み合わせたものを利用する。また他方で、貧困の評価はもっと参加型のアプローチを用いる時もあって、その場合に地域の人たちは自分が貧困をどのように捉えているのかを説明するよう求められる（Booth and Lucas 2002; Lazarus 2008）。

第２章で示したように、こうした調査と評価に使われる改善された情報源の数は増加している。たとえば、生活水準指標調査は多くの国において定番で、定期的に繰り返し実施されている。多くのサイトには、詳細に十分記録された経年的調査研究と並んで、信頼できる経年的なパネル調査が載せられている。統計資料があるおかげで、暮らしの様々な側面に関するより一般的なデータが入手できる。ただし、アフリカでのこうしたデータの質は疑わしいが（Jerven 2013）。

けれどもそのようなアプローチのどれも、政治を、とりわけ政治経済学を、真剣には考慮していない。重要な例外はあるが、RRA、PRA、貧困の評価と調査、脆弱性評価など近年の暮らしの分析の研究に関連がある主流の方法論的側面の多くは、根底にある政治的な問題を取り扱わないのである。「何が起きているのか？」の問いにはとてもうまく答えるであろうが、「なぜ？」の問いには触れないままでいることが多い。この理由の１つは、第３章で論じた暮らしの分析枠組みを適用する多くの場合と同じように、それらのアプローチが政治を無視するか、あるいはかなり無害なものとして重視しないからである。最終章で論じるつもりだが、暮らしの研究において喫緊の必要は、政治を中心に据え直すことだ。というのは、誰が何を所有し何を得るのかなどを決定するのは、政治あるいはより正確には政治経済にまつわる事柄だからであり、そしてその制度的次元、知識や社会と関係のある次元だからである。誰が何を所有し何を得るのかなどの問いはまさに、第7章で提唱した拡張された暮らし分析のアプローチの中心問題である。

人びとの暮らしの政治経済学的分析に向けて

では、人びとの暮らしと農業・農村の変化についてのあらゆる分析にとって中核となる問いに答えるために私たちは、技術、手段、方法、ひな型の膨大な手持ちの選択肢の中から、どのように組み合わせて利用することができるだろうか？ 図表8.1は、第7章で見定めた6つの中心的問いを暮らし分析の拡張枠組みの一部として要約したうえで、答えるのに役立ちうると思われる方法を列挙している。もちろんそれは背景、技術、利害関心などに左右されるのであるから、こうすべきと指示するものではなく、簡単に概略をわかりやすく説明したものと考えていただきたい。

いうまでもないが、大きなツールボックスを用意することは可能であり、もっと多くのツールとしての方法を追加することもできよう。だが重要なのは、調査のための特定の枠組みに関して特定の手段を活用することであって、手段それ自体ではない。つまり、適切な問いを立て、応答すべく問いと状況とに相応しい方法を探すことが重要なのだ。暮らしの分析の拡張された枠組み（第7章）がその最初の一歩で、図表8.1を加味することによって、農業・農村の変化と人びとの暮らしについての実質を伴う政治経済を真剣に考慮する、暮らしの分析のためのアプローチの足掛かりを提供してくれる。だが肝心なのは、これを指示として受け取るのではなく、応用、創案、変革することであり、その際に、具体的で詳細な暮らしを営む活動を、それに影響を与える広範な構造的、政治的プロセスと結びつける統合的分析を念頭に置くことだ。

すべては私たちが何をしたいかによって変わってくる。人びとの暮らしに関する詳細かつ背景に特有の情報を、変化の広範なプロセスと結びつけることに興味を持っている研究者にとっては、暮らしについての拡張されたアプローチは有益だろう。政策立案者から見ると、そうした情報は、マクロ的政策の状況の変化や制度的取り決めにおける変化についての異なった筋書きを探究するうえで、そしてそうした状況や取り決めが人びとの暮らしにもたらしうる影響を考察するうえで、役に立つだろう。現場での実践者から見ると、こうした複雑

図表8.1　拡張された暮らしの分析のための方法

中心的問い	考えられる方法の選択範囲
誰が何を所有しているのか？	社会調査と地図、富／資産による順位づけ
誰が何を行うのか？	行動のマッピング、農業と出稼ぎの季節ごとのカレンダー、世帯内事例およびジェンダー分析、個人史およびその個人的描写、感情を詳細に記録した「情感をかき立てる出来事の記述」
誰が何を得るのか？	民族誌的および社会学的観察、資産所有の調査、生産と蓄積についての歴史的／経年的分析、対立の分析
人びとはそれを使って何を行うのか？	所得と消費の調査、資産獲得および投資の経年的分析、個人による生活の語りとそれをもとにした生活史
集団はどのように相互作用するのか？	行動主体志向の社会学（インターフェース分析）、制度分析、組織のマッピング、対立と協調の事例研究、村落の歴史と生活史、ジェンダー分析
政治における変化は動的なエコロジーによってどのように形成されるのか？	生態系のマッピング、トランセクトウォーク、参加型地理情報システム、社会－環境的歴史、参加型土壌調査、生物多様性マッピング、耕地と景観の歴史

なシステムへのどのような介入であれ、そのもたらす影響について考えることは、リスク、トレードオフ、課題を突き止め、もっと包括的で持続可能な成果が確実に実現できるようにすることに役立つだろう。

先入見を問い質す

良い問いを立て方法を組み合わせても、人びとの暮らしを改善する魔法の杖の一振りというわけにはいかない。しかし適切な問いを立て、分析の幅を広げ、政策論議を始めることは確実に役に立つ。近年暮らしを分析するアプローチが大袈裟に強調されているけれども、開発の取り組みは人びとの暮らしを改善する点で優れた業績をあげているわけではない。ロバート・チェンバースが30年以上も前に名著 *Rural Development: Putting the Last First*（1983）*）の中で指摘したように、農村開発は専門家の先入見に染まっており、その結果トップダウンによる押し付けと不適切なプロジェクトが行われるようになっている。タニア・リーが自著 *The Will to Improve* において次のように指摘する（Li 2007: 7）。

*）チェンバース『第三世界の農村開発──貧困の解決 私たちにできること』穂積智夫・甲斐田万智子監訳、明石書店、1995年。

> 対応すべき課題が技術的な事柄になると、同時に解決の取り組みから政治的側面が消えてしまう。改善の業務を行う専門家は、自分の見立てと処方箋から政治－経済的関係を排除する場合が多いからだ。彼らは、ある社会的集団が別の集団を貧しくするような実践や慣習よりも、貧しい人たちの能力の方に焦点を当てている。

こうして開発の「非政治化装置（"anti-politics machine"）」*）によって、専門家による開発介入のやり方と日常の仕事を通して多様な先入見が生み出される（Ferguson 1990）。作物栽培学のように見た目は技術的な問題だと考えられる領域において、介入枠組みを決める政治的なせめぎ合いが、方法と成果とを左右することがある（Sumberg and Thompson 2012）。

暮らし分析のアプローチは、本書において議論したやり方で適用される場合には、事態を変えることができるのだろうか？　私の答えは然りである。ジェームズ・スコット（James Scott）は *Seeing like a State* の中で、特定の状況において具体的な生きている現実を考慮に入れないことによって、トップダウンの開発がいかにして失敗することがあるのかを具体的に示した（1998）。ここでもまた、時には形ばかりの参加と暮らし分析という言葉でごまかしつつ、同じ誤りが繰り返されているのを見て取ることができる。しかしチェンバースが開発における考え方を「逆転させる」ように力説するのに倣い、物事を逆にしてみたらどうだろうか？　現実世界が直面している課題、異なる意見、対立が互いにぶつかり合うとしたらどうだろうか？　自分が小作農だとして物事を見てみたらどう見えるだろうか？　あるいは牧畜民、漁民、商売をする人、市場の仲買人、労働者、ないし農村の人たちが携わる膨大な職業や営みのどれか1つまたはいくつかを同時に行う者として見てみたらどうだろうか？　物事が劇的に違って見えることは確実だ。

アフリカの牧畜の開発に関してアンディ・カトリー（Andy Catley）、ジェレミー・リンド（Jeremy Lind）と私で共同編集した書物において（2013）、私たち

*）アンティポリティクス・マシーンとは、政治性を含む活動を、あたかも政治性がないように見せる働きのこと。レソトにおけるプロジェクトの実施例を人類学的アプローチによって分析し、政府が開発政策を実施する過程で、いかにしてその国民を支配下に置こうとするのかを明らかにした研究書において、ファーガソンが用いた概念で、その書名にもなっている。

図表8.2　開発機関の物の見方か、牧畜民の物の見方か？

暮らしの様々な側面	中央からの見方（開発機関の視点で見ること）	周縁部からの見方（牧畜民の視点で見ること）
移動性	定住化前の状態、遊牧生活を文明化への段階の１つと見なす。	移動性を現代の暮らしに不可欠なものと見なす。家畜、人びと、労働力、資金の移動性を含む。
環境	牧畜民を田舎者や犠牲者と見る。	平衡状態にない環境に対応する。
市場	不経済、脆弱、浅薄、インフォーマル、後進的であり、近代化およびフォーマルにする必要がある。	国境を越える活気ある商取引。インフォーマルであることを強みと見る。
農業	将来あるべきもの、定住と文明化への手段。	当座の埋め合わせだが、牧畜と組み合わせられるもの。
科学技術	遅れていて幼稚で、近代化が必要。	程良い科学技術、伝統（移動の牧畜）と新しい技術（携帯電話など）を組み合わせる。
サービス	供給するのは簡単だが、利用者は頑固で、サービスを受けるのに抵抗がある。	ヘルスケアと学校教育に大きな需要があるが、移動的な暮らし方と両立できる新たな提供形態が必要。
多様性	牧畜生活から脱却する方法。対処戦略である。	牧畜生活を補完するもの、付加価値を上げるもの、ビジネスの機会を得ること、家畜の飼育へと戻る手段。
国境地帯と衝突	国のはずれ、管理し保護すべき場所。武装解除、和平の構築、開発が必要。	国境を越えて拡張する暮らしの範囲と市場ネットワークの中心。氏族内、氏族間の抗争が長期間存在し続けている。

Catley *et al.* 2013:22-23 より要約。

は「開発機関の物の見方」と「牧畜民の物の見方」との間の相違をいくつか列挙した（図表8.2）。政府職員、援助機関の職員、NGOのプロジェクト従事者などの開発のアクターは、牧畜民の暮らしを多くの要因にわたって誤解していることが多い。こうした誤解に滲みわたっているのが、政治的、文化的、歴史的先入見であり、また首都から遠かったり、牧畜地域でも権力の中枢から離れていたりする場合には地理的な文脈が理解できていないこともある。先ほど紹介した本で私たちが主張したのは、首都圏の都市から農村へと、中央から周縁部へと、エリートの専門家の視点から牧畜民自身へと眼差しを動かすことだ。

けれども、地域の人たちの言うことを考慮するからといって、大衆迎合主義を採るべきではない。参加型開発の提唱者は長い間「伝統的な知恵」を捉えること（Brokensha *et al.* 1980）、「貧しい人びとの声」に耳を傾けること（Narayan *et al.* 2000）を推進してきた。参加型評価の方法論は1980年代に始まり、開発に対してよりボトムアップのアプローチを支持しながら大々的に飛躍した。しかしそうした取り組みは、根底にある貧困の動態、差異化のパターン、異なる状況での暮らしが変化する長期の道筋と真剣に向き合うことが少なかった。地域の住民の知識と能力にうわべだけ頷いてみせるだけでは不十分なのだ（Scoones and Thompson 1994）。案の定、権力の構造をより深く分析せず疑義も挟まなかったので、似たような開発の方式が新しい名称のもとで出現した。それを新しい形の横暴だと見た人たちもいた（Cooke and Kothari 2001）。

しかしながら、本書で説明したような人びとの暮らしの観点に立つことで、私たちは理解の仕方を変えて、異なる種類の行動をすることができる。視点を転換することで、たとえば「開発機関の物の見方」から「牧畜民の物の見方」へと、議論の言説的な基本を変えることができる。第４章で論じたように、政策の問題をめぐる語りの変化は、現場における開発の実践方法にじわじわ浸透しながら、多大な影響を与えることができる。さらには、暮らし方の他の選択肢あるいは道筋についてもっと根本的に熟慮することで、重要なトレードオフを明らかにすることも可能である。誰が何を所有するのか、誰が何を行うのか、誰が何を得て、得た人たちはそれを使って何をするのかを問うことで、非常に多くの事柄が明確になるのだ。

牧畜民の事例に戻ると、私たち著者は「アフリカの角」において新しく見られる暮らしの変化の過程を４つ明確にし、それぞれが蓄積および社会的再生産の異なる動態と結びついていることを明らかにした（Catley *et al.* 2013）。その過程のどれもが、資本主義市場の枠内にどっぷり浸かって活動する人たちから、伝統的な移動牧畜の方により重きを置く人びとに至るまで、あるいは現在増加している、事業を興した人たちや、成長する畜産業の経済を背景に労働力を提供している人たちに至るまで、牧畜民の様々に異なる階級の人びとを担い手としていた。さらに、畜産業の経済の外に暮らしを営むための手段を求めることを余儀なくされ困窮に陥る人たちも存在していた。多様で差異化された全体像が現れたのだ。そしてそれは開発の取り組みがどのように優先され認識されるべきかに大きな影響を与えた。伝統的牧畜を美化するものであれ批判するものであれ、標準的な分類や先入見を越え出ようとしたことで、多様な将来像についての議論が盛んに交わされるようになった。議論のどれも、異なる暮らしが作り出す像の輪郭を描いており、それが今度はサービス支援、ビジネスの機会、インフラの発展、政策に影響を与えたのである。

結　論

このように、的確な問いと適切に組み合わされた方法によって刺激され、そしてどんなものであれ先入見にとらわれていないかを十分に内省する暮らし分析のアプローチは、議論し熟慮するうえでの注目すべき新たな視座を提示することができる。実際それは、認識論的な理解（何を知っているのか）と存在論的理解（何があるのか）の両方に関して、私たちが持っている視点を転換し、私たちが抱いている前提を問い質すことができる。そうすることで、貧しい人たちとは誰で、どこに住んでいるのか、貧困をどのように経験しているのか、貧困はどのようにして軽減できるのかなど、広範な政策上の問いに対して、暮らしの分析に根差すより深い理解が、多くの事柄を教えてくれる。

◉原註

1）最初は『速成農村調査法ノート』のタイトルで、後に『参加型学習と行動ノート』のタイトルで、国際環境開発研究所（IIED）から、1988年から現在まで刊行されている。

2）www.santafe.edu/

3）www.savethechildren.org.uk/resources/online-liberty/practitioners%E2%80%99-guide-household-economy-approach

4）ftp://ftp.fao.org/.../Vulnerability%20Assessment%20Methodologies.doc

5）www.disasterassessment.org/section.asp?id=22

第9章 「政治」を中心に据え直す

暮らしの観点に対する新たな挑戦

政治的なものを暮らしの分析の中心に据え直すことの重要性は、本書において繰り返し登場しているテーマだ。第３章で論じたように、援助機関が意見を交わしてプログラムを提供する際に、生計の枠組みを拝借することによって、暮らしの分析を役に立つ道具立てとして利用する場合、政治的なものを重要視しないか、時には全く考慮しないことが多かった。制度、組織、政策が暮らしの分析の中核にあること、しかもこれらのプロセス形成において政治が重要な役割を持っていることを考慮すると、今こそ、暮らしの分析の政治的次元を再認識し、もっと活用する時だ。

そのために、小著ながら本書は様々な概念的道具立てとアプローチを援用し、またこの側面に然るべき力点を置くために、もともとの枠組みを作り直してきた。「政治的なものを中心に据え直す」という表現はとても素晴らしいスローガンで、シャンタル・ムフ（Chantal Mouffe）がその優れた簡潔な著作 *On the Political*（2005）*）において提唱したものだ。ムフは参加型および熟議的民主主義への単純に割り切りすぎた議論に強く反対し、彼女のいう「闘技的政治」、つまり対立、論争、討論、異議、論戦が、必ず民主主義的な制度を変革するあらゆる試みの中核に不可欠である点を強調する。ムフは「ポスト政治的」見解に異議を唱え、こう主張する。

> （私は）このような方法が根本的に誤りであること、のみならずこれらの理論が、「民主主義の民主化」に寄与するどころかむしろ、民主主義的な制度が現在直面している問題の多くの源泉になっていることを論じるつ

*）ムフ『政治的なものについて――闘技的民主主義と多元主義的グローバル秩序の構築』酒井隆史監訳、篠原雅武訳、明石書店、2008年。

> もりである。たとえば、現在流行中の概念をほんの少し参照するだけでも、「党派的対立のない民主主義」、「対話的民主主義」、「コスモポリタン民主主義」、「良い統治」、「グローバル市民社会」、「コスモポリタン的主権」、「絶対的民主主義」などが即座にあらわれる。これらはすべて、「政治的なもの」を構成する敵対的次元を認めようとしない反政治的なヴィジョンを共有している。これらの概念のねらいは、「右派と左派」、「ヘゲモニー」、「主権」、そして「敵対性」を乗り越えた世界を確立することにある。しかしこうしたもくろみは、民主主義的政治の核になるものについての、および政治的アイデンティティを構成する力学についての完全な無理解を露呈させているのであり……社会に存在している敵対的な潜勢力を昴めることに寄与してしまっているのだ。（Mouffe 2005: 1-2）*）

しかしこうした政治的なものは、刷新された暮らしの分析のどこに見出しうるのだろうか？ 私が強調したいのは4つの中核領域で、これまでの章の随所で明確にしたものばかりである。それは利害関心、個々人、知識、エコロジーの政治学である。以下で簡潔にそれぞれを説明するが、4つすべてが全体で、私が「政治的なものを中心に据え直す」で意味する、暮らしの分析の中核に来るものを構成している。この章の、つまり本書の最後の部分で私は、暮らしのあり方および農村開発に対するもっと政治的なこのアプローチが、具体的な行動とそのための準備や調整に与える大きな意義を論じることにする。

利害関心の政治学

生計の機会が、利害関心によってもたらされ、また私たちがどういう人間で何ができるのかを左右する、広範で構造的で歴史的に規定される政治によって作り出される、という事実を、私たちはしっかりと見据えなければならない。本書の読者はおそらく暮らし向きが良い方で、教養があるに違いなく、同程度の知性と似たような能力とを兼ね備えていたとしても他の多くの人なら夢想しかできそうにない生計の機会をお持ちであるだろう。こうした恩恵は私たちの

---

*）ムフ、前掲書、12～13頁。

居所、民族、ジェンダー、階級、相続した富、資源へのアクセス、経歴など他の多くの要因に由来する。利害関心の政治学は、私たちの生活を規定する構造的特徴の中核に存するのだ。カール・マルクスが主張するように、「人間は自分自身の歴史を創るが、しかし自発的に、自分が選んだ状況のもとで歴史を創るのではなく、すぐ目の前にある、与えられた、過去から受け渡された状況の下でそうする」*) のである。

それゆえ暮らしぶりの背景分析は、これまでの箇所で論じたように、外部にあるように思える、個別地域の暮らしぶりに影響を与える事柄をただ並べただけの一覧をもとに行うべきでない。その分析に必要なのは、歴史と、また何が起きるのか（そして何が起きないのか）を左右する利害関係がどこにどのように存在するのかを、ずっと積極的に見ることだ。このことは、第７、８章で説明した、政治経済学的視点を通して個別地域の生計の機会を理解する手助けとなる６つの中心的問いから見えてくる。けれどもそのためには、政策と制度とを構成し、そうすることで生計の資産へのアクセスと様々な生計戦略の遂行に影響する、利害関心の政治学の広範囲にわたるパターンに注目することもまた必要になる。こうして政策プロセスの分析は、特定の利害集団と関係する語りおよびその関連する主体のネットワークに注目する。同様に、社会と政治に根差した観点から制度を考察する構えも、アクセスと機会を理解するためには不可欠だ（第４章）。

こうしたプロセスを理解する際には、どんな特定の場所であれ、そこで形成された歴史を有する政治経済について、正しく認識しておかなければならない。新自由主義（ネオリベラリズム）のもとでの著しいグローバル化の時代において、暮らしに利用されてきた資源が商品化と金融化とを通じて専有されている事態は、それが農地であれ、農地の専有の結果生じる投資の殺到であれ（第５章を見よ）、あるいは自然それ自体でさえも、炭素の獲得や生物多様性あるいは生態系サービスの権利という形をとった専有であれ、実に多数記録されている。資本の浸透力と、このプロセスに関係する広範な利害関心の政治学とが、世界中で人びとの暮らしに甚大な影響を及ぼしつつあるのだ。誰が何を所有し誰が何を得るのかという基本的な問いは依然として当を得ている。だから、いかな

---

*）マルクス『ルイ・ボナパルトのブリュメール18日』植村邦彦訳、太田出版、1996年、7頁。

る生計分析であれ広範な政治経済学に根差していなければならず、固有の場所に根差した生計戦略を、この広範な視野のもとで、よりミクロな形で理解すべきなのである。

個々人をめぐる政治学

こうした構造的、歴史的、政治経済的な分析は、問題を解明するある段階では必須であるが、暮らしのシステムを構成する個々人に注目することが、同じく不可欠な段階もある。私は本書の随所で、暮らしについて考察する際に行為者主導のアプローチを使うことが必要で、さらに人間という行為主体とその独自性や選択を理解することが重要だということを強調してきた。個々人が何を考え感じ行うのかを掘り下げることは、いかなる生計分析であれその重要な部分である。集合体として均質なものと見られる人間にではなく、個々人の振る舞い、感情、反応に焦点を絞ることは、多様な暮らしの生きられた現実を把握することに役立ちうる。第２章で考察したように、ウェルビーイングは様々な要因から生じる。物質的要素が重要なのはいうまでもないが、社会的、心理的、感情的側面もまた大切だ。

私たちの生活世界、個々人の為人（ひととなり）や独自性、主観性、経験は、私たちがどんな人間でどんな行動をするのかにとっての中核をなす。これは上記で論じた、広範で構造的な政治経済的側面を統合する、感情的かつ個人的な政治学に関係している。たとえば、身体、ジェンダー、性別をめぐる政治学はこうした広範な力によって制約を受け形成されるが、しかしそれでもなお、そうした政治的なものはきわめて個人的なものであって、特定の為人に包まれている。前の箇所で私は、アクセス、コントロール、再分配の政治に焦点を当てる生計研究についての従来からの関心と並んで、ナンシー・フレイザーの用語での「承認の政治学」(2003) を強調した。

個々人をめぐる政治学に力点を置き、他方で広範な政治的プロセスを見失わないでいることは、政治を人びとの暮らしの分析の中心に据え直すためのもう１つの重要な手段である。こうした関心を、私たちが制度を理解し（第４章を見よ）あるいは暮らしのあり方から得られたものを明らかにする（第２章を見よ）作業に織り込んでいくことで、私たちの分析は根底から豊かになり深まりうるのだ。こうした視野は、もっと技術的で手段に力点を置く枠組みなら無視するかもしれないやり方で、人それぞれの人生、生活様式、生計についての、人に注目する政治学を際立たせている。実のところ、個人的な物語、中身の濃い経験の証し、情感に富んだ経験の記録、深い民族誌（第8章）は、個々人の政治学によって明らかされるもので、どれも私たちの洞察を拡張し刺激し、多様なものにすることができるのである。

知識をめぐる政治学

知識をめぐる政治学は人びとの暮らしに関するこれまでの章の議論全体から織り上げられる。「誰の知識が重要なのか？」はどの分析においても中心の問いである。たとえばロバート・チェンバースは「誰の現実が重要なのか？」[*] と問うている（1997a）。誰の暮らしのあり方のどの説明が妥当と見なされ、どれが標準から外れていると見なされて変化を必要としているのか、これが政策を大きく左右する。暮らしについての数多くの思考が、何が良い暮らしになるのかについての前提に含まれている。たとえば、せっせと働く自作農は、多くの社会で、ゴミ収集、狩猟、あるいは性労働から生活の糧を得る人よりも立派であると見られている。たぶん、自前の土地を耕す農民は、そこで雇われている人よりも高く評価されているだろう。後者の人たちは目立たず、正当な評価を得ていないのだ。単一の生計を生み出す知的で専門化された事業もまた、いろいろな手段を使い多くの技術と多くの場所での繋がりを通じて成り立つ生計よりも優れていると見られることがある。このように、生計をどのように考えるかは、どの分析に対しても重要なのはいうまでもないが、多様な暮らしのあり方を形作る制度的および政策的規範を解明し問い直すうえでも肝要である（Jasanoff 2004）。

知識をめぐる著しく政治的な視点もまた、人びとの暮らしを計測、算出、査定、評価し、妥当と考える際に、暮らしを分析する方法論の核心部分で大きな役割を果たしている。第2章で論じたように、暮らし方が生み出すものを測る多種多様な方法があって、そのどれもが同じように有効である。他よりも優れている方法、あるいは他よりも「正しい」方法は1つとしてありえない。それ

＊）邦訳『参加型開発と国際協力——変わるのはわたしたち』の原著タイトルと同じ。

は分析の規範的立場、分野独特の前提、分析の背景に影響を受ける。しかし開発研究と実践に影響する、分野と専門のヒエラルキーにおいて、知識をめぐる政治学は、狭く定量的で計測しやすいものを最も有効な指標と考える方向に作用することが多い。知識のこうした形態が政策の世界で支配権を握り、資金を得て、認定され有効であるとして受け入れられてしまうのだ。

人びとの暮らしの分析は、分野横断的で多部門を統合したアプローチを中核に有しており、上述のような前提を常に問い質して、アプローチを統合する方法を探究しなければならない。またこの分析は、種々の認識論の枠組みを含む知識の様々な形態を取り込むべきである。暮らしのあり方の分析にとって、特定の分野に限られた視野の狭いアプローチは、異なる視野から得られる知識の多様な形態を切り開いていくことに比べると、途轍もなく貧相で効果に乏しい。確かに、厳密さと有効性という神話があって、この虚構が、知識をめぐる政治学の特定の形態によって支えられ維持されている狭小な見方を隠蔽している。けれども実は、種々の視野から得られる知識の多様な形態全体の中で、トライアンギュレーションのように複数の視点から相互の知の形態を考量することによって、私たちは厳密さを高め洞察を拡張することが可能になるのである（第８章）。

多様な暮らし方の中にあるジレンマを種々の視点から看破し深く理解することは、間違いなくあらゆる生計分析の中核たる要素である。貧しく脆弱な人たちや社会の隅にいて目立たない人たちを捜し出すこと、そして伝統的な農村開発の先入見を問い直して、私たちの視野を覆い隠している、善きことや悪しきことについての規範的前提に気づくことは、どれも重要な課題なのだ。しかし声を聴いてもらえない人たちについてはどうだろうか？ 暮らしの持続可能性をめぐる事柄を考える際には将来世代を考慮することが不可欠であり、持続可能性への道筋を模索し実現する一部分として、何らかの方法で彼らを対話に組み込む必要がある（第５章）。

エコロジー*) をめぐる政治学

急激な環境変化が生じ、局所と世界全体の持続可能性という難題が暮らしに直接打撃を与える時代にあっては、気候変動であれ、都市の拡大、水利用、毒性汚染であれ、エコロジーをめぐる政治学に注目することは不可欠だ。第５章で論じたように、生計分析に対するポリティカル・エコロジーのアプローチはずいぶん以前からその広範な知的背景の一部であった。要点は、エコロジーと政治は循環的な関係にあるということだ。つまり、エコロジーが政治を形作り、政治もエコロジーを形作る。この関係を無視するなら、私たちは自ら危機を招くことになる。

暮らしの変化は動的な生態系の状況全体の中で生じる。静止し釣り合いのとれた白紙の状態はありえない。きわめて変わりやすい、平衡状態にない環境、突然の変化や移行、また生存の最低条件とそれが大きく転換するパターンに、暮らし方は対応しなければならない。私たちは限界と境界を心得ていなければならず、それらを政治的かつ社会的にどのように乗り越え変革すべきかをわかっていなければならない。このように暮らしの持続可能性は、確かな情報に基づいて素早く敏感に対応するプロセスに関係している。このプロセスには、社会的にまた技術的に刷新と変革とを行って、生態上の限界点を越えない形で暮らしを安全な活動空間の中で維持するだけでなく、公平で社会的に公正な方法で生計の機会を維持しながら、多くの目標を実現できるように取り組むことが含まれる。これは間違いなく政治的な任務であって、それによって生計の機会と生態上の限界点とのトレードオフが、スケール横断的に、そして世代を越えて、取り決められなければならない。持続可能な暮らしを実現するという政治的な課題を遂行するためには、暮らしの変化の方向性と、従事する活動の多様性を具合よく両立させ、さらには様々な人びとの間での利益、損失、リスク配分のバランスをうまく取ることが必要になる。

第４章で論じたような、人びとの暮らしを構成する、国家を越えたネットワークを生み出すグローバル化の状況において、分析はスケール、場所、ネットワーク横断的でなければならない。このために必要なのは、個別地域で生きる住民の苦闘と様々な抵抗の実態に注目し、広範な運動や連携と人びととの接点に注意を払う地球規模のポリティカル・エコロジーである。そしてそうした運動や連携が、生計が配慮している事柄を、環境的および社会的公正の責務に繋いでいくのである（Martinez-Alier *et al.* 2014; Martinez-Alier 2014）。

＊）「エコロジー（原語 ecology）」は、自然科学的要素の意味合いの強い場合は「生態系」「生態学」と訳し、政治経済や社会的要素までを含む広い概念を示す場合は「エコロジー」と表記した。

新たな暮らしの政治学

上述の４つの次元（もちろん他の次元もだが）全体を視野に入れることによって、人びとの暮らしを論じる新たな政治学を創り上げることが可能になる。この新しい視座は、農村開発においてとりわけ1990年代から広まった生計のアプローチを問い直し拡張してくれる。それは分析に新たな側面を導入して、さらなる厳密さと深みとを追求する。それはまた、以前の生計アプローチを単純化して道具主義的な解釈に陥らないようにする一方で、理解も実行もできないアプローチで終わることのないように努めるものでもある。援助ビジネスのお役所的な要求に単に応答することを越えて、このように政治的視点からの考え方を具体化し活かすことによって、実践的な政治経済学が創出される可能性が生じるのだ。それは個別地域のレベルでの現実の変化を見据えつつも、条件と可能性とを形作る広範な構造的および制度的な政治を軽視することはしない。

本書で提唱している広い視野から見た生計アプローチは、個別地域および個々人や個別の特殊な事柄を注視し、世界の各地で根を張って生活している人たちの複雑な実態を正しく認識することを主張する。だがもちろん、これは、個々の地域の特徴と暮らしとを形作っている広範な構造的および関係的力学の理解を伴うことで十全なものとなる。これはミクロからマクロへとスケール横断的に動くという課題であるが、特に異なる分析の枠組み間で動くことである。すなわち、詳細で経験的なもの（多くの諸規定）と、もっと概念的で理論化されたもの（具体的なもの）との間で動くという課題である。政治経済学の方法を用いる際のこの伝統的なアプローチにおいては、スケール間のそして枠組み間のこうした幾多の反復こそが重要であり、そうした反復はまた、政治的プロセスが、何が誰にとって可能で何がそうでないかを考量して実現化する仕方を明らかにする。こうして、日用品の価格の変動、交易条件の変化、農業投資への融資、現場から離れた遠方で行われる政治的駆け引きは、多様な局所での暮らしの有り様に影響を及ぼすことになる。そしてそれが今度は社会的差異化のプロセス、階級形成やジェンダー関係のパターンに影響し、そのようにして、ひいては暮らしぶりに影響を与えることになるのだ。

周辺部に追いやられた人たち、財産を失った人たち、あまり暮らし向きの良くない人たちに味方し、すべての人びとのためのウェルビーイングの改善という構想を擁護する規範的立場に身を置くことで、私たちは生計のアプローチを広範な政治的プロジェクトの中に位置づけることができるようにもなる。こうした政治的プロジェクトは、食物、土地、住まい、自然資源への権利を求める別の闘いと繋がっており、そこでは尊敬、尊厳、多様な暮らしの独自性と可能性への承認がきわめて重要だ。持続可能な暮らしに対する権利は闘い取る価値のあるもので、本書がそれを理論と知識面で具体化するのに役立つと期待している。

権利を求める闘いは、人びととその運動によって適切に導かれるなら、情報を与え、深め、時に問い直す分析的視野が必要である。概念と方法を明確に説明し、それらを多様な文献と実例に関連づける取り組みは、その一部であり、本書が比較的小著であるにもかかわらず目指してきたことだ。これは、良くない意味合いでの学究的作業にとどまらない。本書は批判的に学んでいる学生あるいは実践者に向けて書かれているのであるが、異なる場所や異なる闘いにも関連する実例と深く関係づけながら、本書の思考をもっと使いやすく平易な形に拡張するためには、さらなる解釈と普及の仕事が残っている。本書の読者諸賢が、どこにおられようとも、この次なる一歩を踏み出してくださることを心から願っている。

訳者解説

本書はIan Scoones, *Sustainable Livelihoods and Rural Development*, Practical Action Publishing, 2015の全訳である。開発途上国の農業・農村問題について学ぶ者にとってだけでなく、日本国内の農村地域開発（近年の政策用語では、地方創生と称されている）を学ぶ者にとって、羅針盤ともいえる本書を日本語で紹介できることは、監訳者にとって大きな喜びである。シリーズ翻訳出版の企画が持ち上がったとき、Sustainable Livelihoods Approach（SLA）という概念は、日本では過去のものではないかという疑問も提起された中で、だからこそ古くはなっていない概念として紹介するべきであると発言し、結果として翻訳を引き受けることになった経緯がある。

昨今の日本の政府による食料・農業・農村に関する政策は、競争力強化・輸出振興・企業化などに傾斜しており、大量生産・大量消費を基本的価値観におく経済成長至上主義（フォーディスム）をいまだに追い求めている。農村の過疎化や人口の２％弱を占めるに過ぎない大多数の小規模農家が、カロリーベースで38％もの食料を生産しているその能力の高さを顧みることはない。（北米を除いて）世界の潮流として胎動しつつある小農・家族農業を基盤とした、多様かつダイナミックな農村の人びとの暮らし方とは逆方向に大きく舵を切っている。農業の多面的機能を前面に打ち出している食料・農業・農村基本法の精神は、地方創生にかかる一連の政策にもほとんど顧みられていない。

このような状況は、開発途上国に対する政府開発援助を通じた農業・農村開発にも共通している。特にアフリカの農業・農村開発への視線は、日本が持つ技術の貢献、民間企業の参入、グローバルな制度の導入など、対象となる地域個別の状況よりも援助側のアクターの利益追求に向けられている。もちろん、現場で働く心ある一人ひとりの実践者が、現地の人びとに寄り添い、自然・社会・政治的環境を理解しようと努めながら日々苦労され、人びとの暮らし方の良い方向への変化に関わっていることは紛れもない事実である。しかし、政府や実施機関の国際協力機構（JICA）が積極的に関与し、また援助の枠組みとして利用しているのは、以下のような新自由主義的枠組みである。すなわち、2006年に設立されたサハラ以南アフリカの農業の収益向上、市場化をアジアにおける「緑の革命」の経験を活かして実現させようとする「アフリカ緑の革命のための同盟（Alliance for a Green Revolution in Africa：AGRA）」、2012年のＧ８サミットで提唱され、サハラ以南アフリカ諸国への農業分野の成長を目指して農業開発支援をアフリカ各国政府とＧ８および民間企業などの開発パートナーが官民連携で行う農業投資の促進を通じて行おうとする「ニューアライアンス（The New Alliance for Food Security and Nutrition）」などである。さらに、日本が主導して、アフリカ諸国で高まるコメ需要に対応するアフリカ諸国自身のコメ生産能力の向上を図ることを目的として設立された「アフリカ稲作振興のための共同体（Coalition for African Rice Development：CARD）」もある。

AGRAは、アジアとアフリカの様々な条件が異なることや、グローバリゼーションの進展を中心とした国際状況の変化も充分組み込んだ組織ではあるものの、基本となる考え方は、技術革新と投資による農業の近代化、市場化であり、1960年代のアジアにおける「緑の革命」推進の枠組みと大きくは変わらない。さらに、その主要な支援課題には遺伝子組み換えや種子に関する知的財産権制度の強化などが含まれている。このような状況の認識と課題克服のアプローチが、設立前後から多くの国際NGOやアフリカの農民組織から懐疑的な視線を浴びることとなった。ビル＆メリンダ・ゲイツ財団、ロックフェラー財団などからの資金援助に大きく依存しており、組織的に親密であることが、アフリカの農業・農村のためではなく、多国籍企業等先進国の利益を優先しているという批判も多い。

2016年の伊勢志摩サミットに際して、ニューアライアンスの枠組みが、アフリカのパートナー国に投資環境の整備を目的に国内の法制度を変更・策定することを求めており、たとえば改良品種の普及で種子を企業がコントロールし、アフリカ農業に欠かせない自家採種や保存、交換などを違法とする法制度導入や、企業による土地収奪など、実際には、アフリカの多くを占める小規模農家にとっては被害をもたらすことを、日本国際ボランティアセンター（JVC）などが指摘し日本政府の関与の見直しなどを提言している。

このような現状に対して、農村に住む一人ひとりの人びと、世帯がコミュニティにおいてどのように暮らしているかに焦点を当てて、その多様な暮らし方、暮らし方を創り出す様々な資源を政治経済学的視点から分析して、持続的な発展に貢献しようとするアプローチが、暮らし方の分析アプローチである。1990年代から2000年代にかけて、イギリスの国際開発省（DFID）を中心に、農村の貧困削減支援において「農村の暮らし方（rural livelihoods）」と「多様性（diversity）」を重視するアプローチとしても注目を浴びた。農村に居住する人びとは、与えられた自然・社会・政治的環境の中で、持続的な生存を最優先とする戦略を重視し、多様化をはかっていることを前提に、外部者は介入を行おうとするものである。農村住民の大部分は確かに食料生産に従事しているが、その多くは必ずしも余剰の食料生産を第一目標に生産活動を営んでいるのではない。農村に暮らす人びとも多様な生活を営んでいる。たとえば農村市場での商業活動などは重要である。食料安全保障の達成や貧困削減の解決を、面的に広げていくためには、その多様な農村と人びとの多様な生活を、地域の違いを意識しながら、可能な限り個別的に、そして具体的に問題を掘り下げ、それを解決していかざるをえない。そうだとすれば、農村住民の自発性と参加が不可欠である。中央政府や援助機関のトップダウンでは、どうしても画一的な対応になりがちだからである。これまでの農業・農村開発の失敗は、画一的な政策に大きな原因があったことを本書は再三にわたって鋭く指摘している。アフリカの農村は多様であり、人びとの生活も多様である。食料不安を取り除き、人びとの栄養水準の向上は緊急を要する大きな課題である。だが、「緑の革命に取り残された地域だから、それに早く追随せよ」と提言することは、アフリカを一面的にしか見ていないことになる。

実は、農業・農村開発研究に対するこのような視線や分析の考え方は、日本でも長い歴史がある。「人間のための経済学」（西川潤）、「内発的発展論」（鶴見和子）、「民際学」（中村尚司）などが、日本とアジアの発展を人びとの目から見ることで、経済的な従属からの脱却・経済活動の自主管理・生命活動の充足などを基盤とする多型的な発展を論じてきた。たとえば、中村は、地域を考える際に、自然資源の賦存のみならず、資源との社会関係や、人口移動など、家族・地域・職場・国境を越えて、経済・文化・祭祀などの活動を通じて人びとが多くの役割を担っていることを明らかにしてきた。これらの視点を活かした国内の農山漁村の発展や地域政策に関する研究は、保母武彦、守友祐一、宮本憲一などに引き継がれてきた。国際開発援助研究との接点では、佐藤寛などが、参加型開発を批判的に研究する中で、これらの日本の研究を紹介している。日本の国際援助研究においては、2000年代以降このような議論が必ずしも活発ではなかったが、ここ数年、シビックアグリカルチャーや家族農業をキーワードに研究・実践を行う動きも出てきている。本書とともに、日本でのこのような議論を知りたい方には以下の日本語文献を紹介したい。

・西川潤 (2000)『人間のための経済学――開発と貧困を考える』岩波書店
・鶴見和子 (1994)『内発的発展論の展開』筑摩書房
・中村尚司 (1989)『豊かなアジア、貧しい日本――過剰開発から生命系の経済へ』学陽書房

そういう意味で、今回の出版に対する翻訳者の思いについて３点述べておきたい。第１は、日本では農村に暮らす人びとの現実の暮らし方を開発議論の出発点とし、外部の援助者に「変わるのはわたしたち」と説いたロバート・チェンバースの知名度が圧倒的に高く、イギリスやヨーロッパで農民の主体性、自律性を重視する援助者・外部者側の態度形成と方法論の議論を現場から積み重ねてきた数多くの研究が充分には紹介されていないのではないかと考えられることである。1980年代、90年代のイギリスにおける農村開発・参加型研究の拡がりと深みは、今も決して古びてはおらず、ブレア政権で1997～2003年に英国国際開発大臣を務めたクレア・ショートによって政策の中に内在化され、その後新自由主義の台頭とともに衰退していったとはいいながら、まだまだ私たちが学ぶことは多いと考える。農学をバックグラウンドに持つ者としては、本書の中で、農家の技術採択の自律性を丁寧に研究した名著であるポール・リチャーズの *Indigenous Agricultural Revolution*（内発的農村革命：邦訳なし）が紹介されているのもうれしい。農民自身の工夫やイノベーションを、特に時間的・空間的混作の観察から豊富な事例を報告している。また、その発見をもとに、「緑の革命」を支えてきた国際農業研究協議グループ（CGIAR）のアプローチを（西）アフリカに導入する技術的・制度的問題を指摘している。チェンバースとの共同研究を中心に、19世紀以来の農村開発に対するまなざしの研究を網羅しつつ、暮らし方の分析を前面に提言する本書は、イギリスおよびヨーロッ

パの農業・農村開発研究の鳥瞰図を日本語話者に広く紹介できる文献であろう。

第２は、出版のタイミングである。2014年は国際連合が提唱した国際家族農業年であり、2019年からの10年間は、さらにその流れが展開される家族農業の10年間となっている。にもかかわらず、日本においては、時代遅れの右肩上がりの経済成長をいまだに金科玉条とした農業競争力強化や農産物輸出振興が農業・農村振興政策の中心になっている実態がある。消費者は、食へのアクセスに関する自分の置かれている脆弱性にほとんど気づいていない。本書は、一義的には開発途上地域の農村開発をどう分析し、外部者が介入するポイントを明らかにしていくかという視点を提供することが目的であるが、農業・農村、そして食のシステムが抱えている問題、特にその非持続性と脆弱性は、日本こそ直面している大きな問題である。本書で説明されている、（1）誰が何を所有しているか、あるいはアクセスできるか、（2）誰が何を行うのか、（3）誰が何を得るのか、（4）人びとはそれを使って何を行うのか、（5）社会や国家において階級や集団がどのように相互作用を行うのか、（6）政治における変化はどのように動的なエコロジーによって生じるのか、またその逆はどのように生じるのか、という問いは、日本の農家や農村、そして消費者、企業、政府に向けられなければならないと考えている。

第３の理由は、きわめて個人的なことである。本書の各所に引用されている、イアンたちが1990年代に実施していたジンバブエの農地改革に関する一連の研究成果は、当時の私にとって日本での農村開発研究にどうかかわっていくかの方向性を決めるものであったからである。イギリスで公共政策を学び農業・農村資源管理においては農民の視点、地域の視点で考えることが常識であると信じて1989年に帰国した私は、日本の農業・農村開発援助の現場におけるトップダウン、技術志向、技術移転重視の潮流にどのように抗していくかわからなかった。その時に羅針盤となったのが、このイアンたちの研究である。JICA／農林水産省を離れて、研究者として歩み始める際に、最初に訪れた国の１つがジンバブエであり、完全とはいえないながらSLAの概念を採用した国際農業開発基金（IFAD）の小農支援事業の調査であった。農地配分を受けた農家の女性たちが、自分たちの言葉で村の資源や将来について語るのを目の当たりにしたのは、政府関係者や技術者を技術移転の主たる相手としていた日本の二国間協力を見てきた自分にとって新鮮な経験であった。

本書の序文や第９章で著者自身が述べているように、暮らしの変化は動的な生態系全体の状況の中で生じる。これらを分析し、関与するには、これまでのアプローチの限界を知り、それを政治的・社会的にどう乗り越えていくかを、世界同時的に考える必要がある。暮らしのあり方に関する総合的・学際的・アクションリサーチ的なアプローチを描いた本書が、日本国内、海外の別を問わず、地域に生きる人びとの暮らしのあり方について分析をし、そのウェルビーイングの向上に貢献したいと考える学生・実践者・研究者の参考になることを期待したい。

なお、本書の翻訳は、ICAS日本語シリーズ監修チームとの協働作業の成果であるとともに、科研費研究17H04627「アジアにおける小規模農業の種子調達メカニズムの持続性評価」が取り組んでいる、小農の種子をめぐる自然・社会・政治環境との関係性およびその評価に関する一連の議論を参照している。監修チームメンバーおよび科研チームメンバー（入江憲治、河瀬眞琴、香坂玲、冨吉満之、根本和洋〔敬称略〕）に謝意を表する。

2018年10月

監訳者　西川芳昭

参考文献

Adams, W.M., and M.J. Mortimore. 1997. "Agricultural Intensification and Flexibility in the Nigerian Sahel." *Geographical Journal* 163,2: 150-60.

Adato, M. and Meinzen-Dick, R. 2002. "Assessing the Impact of Agricultural Research on Poverty Using the Sustainable Livelihoods Framework." *Environment and Production Technology Division Discussion Paper* No. 89. International Food Policy Research Institute: Washington, DC.

Adato, M., M. Carter and J. May. 2006. "Exploring Poverty Traps and Social Exclusion in South Africa Using Qualitative and Quantitative Data." *Journal of Development Studies* 42,2: 226-47.

Addison, T., D. Hulme and R. Kanbur (eds.). 2009. *Poverty Dynamics: Measurement and Understanding from an Interdisciplinary Perspective*. Oxford: Oxford University Press.

Adger, W.N. 2006. "Vulnerability." *Global Environmental Change* 16,3: 268-81.

Adger, W.N., S. Hug, K. Brown, D. Conway and M. Hulme. 2003. "Adaptation to Climate Change in Developing Countries." *Progress in Development Studies* 3: 179-95.

Alkire, S. 2002. *Valuing Freedoms: Sen's Capability Approach and Poverty Reduction*. Oxford: Oxford University Press.

Alkire, S., and J. Foster. 2011. "Counting and Multidimensional Poverty Measurement." *Journal of Public Economics* 95,7: 476-87.

Alkire, S., and M.E. Santos. 2014. "Measuring Acute Poverty in the Developing World: Robustness and Scope of the Multidimensional Poverty Index." *World Development* 59: 251-74.

Allison, E. and Ellis, F. 2001. "The Livelihoods Approach and Management of Small-Scale Fisheries." *Marine Policy* 25,2: 377-88.

Altieri, M.A. 1995. *Agroecology: The Science of Sustainable Agriculture* (Second edition). Boulder, Colorado: Westview Press.

Altieri, M.A., and V. M. Toledo. 2011. "The Agroecological Revolution in Latin America: Rescuing Nature, Ensuring Food Sovereignty and Empowering Peasants." *Journal of Peasant Studies* 38,3: 587-612.

Amalric, F. 1998. *The Sustainable Livelihoods Approach: General Report of the Sustainable Livelihoods Projects 1995-1997*. Rome: Society for International Development.

Amin, S. 1976. "Unequal Development: An Essay on the Social Formations of Peripheral Capitalism." *Foreign Affairs* July 1977.

Anderson, S., 2003. "Animal genetic resources and sustainable livelihoods." *Ecological Economics* 45,3: 331-339.

Angelsen, A. (ed.). 2011. *Measuring Livelihoods and Environmental Dependence: Methods for Research and Fieldwork*. London: Routledge.

Arce, A. 2003. "Value Contestations in Development Interventions: Community Development and Sustainable Livelihoods Approaches." *Community Development Journal* 38, 3: 199-212.

Arrighi, G. 1994. *The Long Twentieth Century: Money, Power, and the Origins of Our Times*. London: Verso.

Arsel, M., and B. Büscher. 2012. "NatureTM Inc.: Changes and Continuities in Neoliberal Conservation and Market-based Environmental Policy." *Development and Change* 43, 1: 53-78.

Ashley, C., and D. Carney. 1999. *Sustainable Livelihoods: Lessons from Early Experience*. DfID: London.

Bagchi, D.K., P. Blaikie, J. Cameron, M. Chattopadhyay, N. Gyawali and D. Seddon. 1998. "Conceptual and Methodological Challenges in the Study of Livelihood Trajectories: Case-studies in Eastern India and Western Nepal." *Journal of International Development* 10,4: 453-68.

Bardhan, P. 1989. *Conversations Between Economists and Anthropologists: Methodological Issues in Measuring Economic Change in Rural India*. Delhi: Oxford University Press, India.

Barry, John, and Stephen Quilley. 2009. "The Transition to Sustainability: Transition Towns and Sustainable Communities." In L. Leonard and J. Barry (eds.) *The Transition to Sustainable Living and Practice*. Bingley UK: Emerald Group Publishing Limited.

Batterbury, S. 2001. "Landscapes of Diversity: A Local Political Ecology of Livelihood Diversification in South-Western Niger." *Ecumene* 8,4: 437-64.

____. 2007. "Rural Populations and Agrarian Transformations in the Global South: Key Debates and Challenges." *CICRED Policy Paper* no. 5. Paris: Committee for International Cooperation in National Research in Demography (CICRED).

____. 2008. "Sustainable Livelihoods: Still Being Sought, Ten Years On." Presented at *Sustainable Livelihoods Frameworks: Ten Years of Researching the Poor*. African Environments Programme workshop, Oxford University Centre for the Environment, January 24, 2008. 15pp.

Batterbury, S., and A. Warren. 1999. *Land Use and Land Degradation in Southwestern Niger: Change and Continuity*. ESRC Full Research Report, L320253247. Swindon: Economic and Social Research Council (ESRC).

Baulch, R. 1996. "Neglected Trade-Offs in Poverty Measurement." *IDS Bulletin* 27: 36-43.

Baulch, B., and J. Hoddinott. 2000. "Economic Mobility and Poverty Dynamics in Developing Countries." *Journal of Development Studies* 36,6: 1-24.

Baulch, B. and L. Scott. 2006. "Report on CPRC Workshop on Panel Surveys and Life History Methods." Held at the Overseas Development Institute, London, February 24-25, 2006.

Bebbington, A. 1999. "Capitals and Capabilities: A Framework for Analysing Peasant Viability, Rural Livelihoods and Poverty." *World Development* 27,12: 2012-44.

____. 2000. "Reencountering Development: Livelihood Transitions and Place Transformations in the Andes." *Annals of the Association of American Geographers* 90, 3: 495-520.

____. 2001. "Globalized Andes? Livelihoods, Landscapes and Development." *Cultural Geographies* 8,4: 414-36.

____. 2004. "Social Capital and Development Studies 1: Critique, Debate, Progress?" *Progress in Development Studies* 4,4: 343-49.

Bebbington, A., Humphreys Bebbington, D., Bury, J., Lingan, J., Muñoz, J. P., & Scurrah, M. 2008.

"Mining and social movements: struggles over livelihood and rural territorial development in the Andes." *World Development* 36,12: 2888-2905.

Beck, T. 1989. "Survival Strategies and Power amongst the Poorest in a West Bengal Village." *IDS Bulletin* 20: 23-32.

____. 1994. *The Experience of Poverty: Fighting for Respect and Resources in Village India.* London: Intermediate Technology Publications.

Behnke, R., and I. Scoones. 1993. "Rethinking Range Ecology: Implications for Rangeland Management in Africa." In R.H. Behnke, I. Scoones and C. Kerven, *Range Ecology at Disequilibrium: New Models of Natural Variability and Pastoral Adaptation in African Savannahs.* London: Overseas Development Institute.

Béné, C., R.G. Wood, A. Newsham and M. Davies. 2012. "Resilience: New Utopia or New Tyranny? Reflection about the Potentials and Limits of the Concept of Resilience in Relation to Vulnerability Reduction Programmes." *IDS Working Paper* 405.

Bennett, N. 2010. "Sustainable Livelihoods from Theory to Conservation Practice: An Extended Annotated Bibliography for Prospective Application of Livelihoods Thinking in Protected Area Community Research" *Protected Area and Poverty Reduction Alliance Working Paper* No. 1. Victoria, Canada: Marine Protected Areas Research Group, University of Victoria: PAPR (viu).

Berkes, F., C. Folke and J. Colding. 1998. *Social and Ecological Systems: Management Practices and Social Mechanisms for Building Resilience.* Cambridge: Cambridge University Press.

Berkhout, F., M. Leach and I. Scoones (eds.). 2003. *Negotiating Environmental Change: New Perspectives from Social Science.* Cheltenham: Edward Elgar.

Bernstein, H. 2009. "V.I. Lenin and A.V. Chayanov: Looking Back, Looking Forward." *Journal of Peasant Studies* 36,1: 55-81.

____. 2010a. *Class Dynamics of Agrarian Change.* Hartford: Kumarian Press. [松岡浩平・山岸拓也訳『食と農の政治経済学――国際フードレジームと階級のダイナミクス』桜井書店、2012 年]

____. 2010b. "Rural Livelihoods and Agrarian Change: Bringing Class Back In." In N. Long and Y. Jingzhong (eds.), *Rural Transformations and Policy Intervention in the Twenty First Century: China in Context.* Cheltenham: Edward Elgar.

____. 2010c. "Introduction: Some Questions Concerning the Productive Forces." *Journal of Agrarian Change* 10,3: 300-14.

Bernstein, H., B. Crow and H. Johnson (eds.). 1992. *Rural Livelihoods: Crises and Responses.* Oxford: Oxford University Press.

Bernstein, H., and P. Woodhouse. 2001. "Telling Environmental Change Like It Is? Reflections on a Study in Sub-Saharan Africa." *Journal of Agrarian Change* 1,2: 283-24.

Berry, S. 1989. "Social Institutions and Access to Resources." *Africa* 59,01: 41-55.

____. 1993. *No Condition Is Permanent: The Social Dynamics of Agrarian Change in Sub-Saharan Africa.* Madison: University of Wisconsin Press.

Blaikie, P. 1985. *The Political Economy of Soil Erosion in Developing Countries.* Harlow, UK: Longman.

Blaikie, P. and H. Brookfield. 1987. *Land Degradation and Society.* London: Methuen.

Bohle, H.-G. 2009. "Sustainable Livelihood Security: Evolution and Application." In H. G. Brauch, J. Grin, C, Mesjaszet, P. Kameri-Mbote, N.C. Behera, B. Chourou and H. Krummenacher (eds.),

Facing Global Environmental Change: Environmental, Human, Energy, Food, Health and Water Security Concepts. Berlin: Springer.

Booth, C. 1887. "The Inhabitants of Tower Hamlets (School Board Division), Their Condition and Occupations." *Journal of the Royal Statistical Society* 50: 326-40.

Booth, D. 2011. "Introduction: Working with the Grain? The Africa Power and Politics Programme." *IDS Bulletin* 42,2: 1-10.

Booth, D., and H. Lucas. 2002. *Good Practice in the Development of PRSP Indicators and Monitoring Systems*. London: Overseas Development Institute.

Boserup, E. 1965. *The Conditions of Agricultural Growth: The Economics of Agrarian Change under Population Pressure*. London: George Allen and Unwin.

Bourdieu, P. 1977. *Outline of a Theory of Practice*. Cambridge: Cambridge University Press.

____. 1986. "The Forms of Capital." In J. Richardson (ed.), *Handbook of Theory and Research for Sociology of Education*. New York: Greenwood Press.

____. 2002. "Habitus." In J. Hillier and E. Rooksby (eds.), *A Sense of Place*. Burlington: Ashgate.

Bratton, M., and N. van der Walle. 1994. "Neopatrimonial Regimes and Political Transitions in Africa." *World Politics* 46,4: 453-489.

Breman, J. 1996. *Footloose Labour: Working in the Indian Informal Economy*. Cambridge: Cambridge University Press.

Broad, R. 2006. "Research, Knowledge, and the Art of 'Paradigm Maintenance': The World Bank's Development Economics Vice-Presidency (DEC)." *Review of International Political Economy* 13,3: 387-419.

Brock, K., and N. Coulibaly. 1999. "Sustainable Rural Livelihoods in Mali." *IDS Research Report* 35. Brighton: Institute of Development Studies.

Brockington, D. 2002. *Fortress Conservation: The Preservation of the Mkomazi Game Reserve, Tanzania*. Oxford: James Currey.

Brokensha, D.W., D.M. Warren and O. Werner. 1980. *Indigenous Knowledge Systems and Development*. Washington, DC: University Press of America.

Bryant, R.L. 1997. *Third World Political Ecology*. London: Routledge.

Bryceson, D.F. 1996. "Deagrarianization and rural employment in sub-Saharan Africa: a sectoral perspective." *World Development* 24,1: 97-111.

Buchanan-Smith, M., and S. Maxwell. 1994. "Linking Relief and Development: An Introduction and Overview." *IDS Bulletin* 25,4: 2-16.

Bunch, R. 1990. "Low Input Soil Restoration in Honduras: the Cantarranas Farmer-to-Farmer Extension Programme." *Gatekeeper Series* 23. London: International Institute for Environment and Development.

Büscher, B., and R. Fletcher. 2014. "Accumulation by Conservation." *New Political Economy* 20,2: 273-298.

Büscher, B., S. Sullivan, K. Neves, J. Igoe and D. Brockington. 2012. "Towards a Synthesized Critique of Neoliberal Biodiversity Conservation." *Capitalism Nature Socialism* 23,2: 4-30.

Butler, J. 2004. *Undoing Gender*. London: Routledge.

Byres, T.J. 1996. *Capitalism from Above and Capitalism from Below: An Essay in Comparative Political*

Economy. London: Macmillan.
Cannon, T., Twigg, J. and Rowell, J. 2003. *Social Vulnerability, Sustainable Livelihoods and Disasters*. London: Department for International Development.
Carney, D. (ed.). 1998. *Sustainable Rural Livelihoods: What Contribution Can We Make?* London: DfID.
____. 2002. *Sustainable Livelihoods Approaches: Progress and Possibilities for Change*. London: DfID.
Carney, D., M. Drinkwater, T. Rusinow, K. Neefjes, S. Wanmali and N. Singh, 1999. "Livelihood Approaches Compared: A Brief Comparison of the Livelihoods Approaches of the U.K. Department for International Development (DfID), CARE, Oxfam and the UNDP. A Brief Review of the Fundamental Principles Behind the Sustainable Livelihood Approach of Donor Agencies." London: DfID.
Carswell, G., 1997. Agricultural intensification and rural sustainable livelihoods: a 'think piece'. *IDS Working Paper* 64. Brighton: Institute of Development Studies
Carswell, G., De Haan, A., Dea, D., Konde, A., Seba, H., Shankland, A. and Sinclair, A. 1999. 'Sustainable Livelihoods in Southern Ethiopia'. *IDS Research Report* 44. Brighton: Institute of Development Studies.
Carter, M., and C. Barrett. 2006. "The Economics of Poverty Traps and Persistent Poverty: An Asset-based Approach." *Journal of Development Studies* 42,2: 178-99.
Catley, A., J. Lind and I. Scoones (eds.). 2013. *Pastoralism and Development in Africa: Dynamic Change at the Margins*. London: Routledge.
Chambers, R. 1997a. *Whose Reality Counts? Putting the First Last*. London: Intermediate Technology Publications (ITP). ［野田直人・白鳥清志監訳『参加型開発と国際協力──変わるのはわたしたち』明石書店、2000 年］
____. 1997b. Editorial: "Responsible Well-being — a Personal Agenda for Development." *World Development* 25,11: 1743–54.
____. 2008. "PRA, PLA and Pluralism: Practice and Theory." In P. Reason and H. Bradbury (eds.), *The Sage Handbook of Action Research: Participative Inquiry and Practice*, second edition. London: Sage.
Chambers, Robert. 1983. *Rural Development: Putting the Last First*. London: Longman. ［穂積智夫・甲斐田万智子監訳『第三世界の農村開発──貧困の解決 私たちにできること』明石書店､1995 年］
____. 1987. Sustainable Livelihoods, Environment and Development: putting poor rural people first. *IDS Discussion Paper* 240. Brighton: Institute of Development Studies.
____. 1989. "Vulnerability, Coping and Policy (editorial introduction)." *IDS Bulletin* 20.
____. 1994. "Participatory Rural Appraisal (PRA): Challenges, Potentials and Paradigms." *World Developinent* 22,10: 1437–54.
____. 1995. "Poverty and Livelihoods: Whose Reality Counts?" *IDS Discussion Paper* 347. IDS: Brighton.
Chambers, Robert, and G. Conway. 1992. "Sustainable Rural Livelihoods: Practical Concepts for the 21st Century." *IDS Discussion Paper* 296. Brighton: Institute of Development Studies.
Channock, M. 1991. "A Peculiar Sharpness: An Essay on Property in the History of Customary Law in Colonial Africa." *The Journal of African History* 32,01: 65-88.
Chronic Poverty Research Centre (CPRC). 2008. *The Chronic Poverty Report 2008-09: Escaping Poverty Traps*. Manchester: CPRC.

Clapham, C. 1998. Discerning the new Africa. *International Affairs* 74,2: 263-269.

Clarke, W. and Dickson, N. 2003. "Sustainability Science: The Emerging Research Program." *Proceedings of the National Academy of Sciences* 100,14: 8059-61.

Clay, E. and B. Schaffer (eds.). 1984. *Room for Manoeuvre: An Exploration of Public Policy in Agriculture and Rural Development.* Cranbury: Associated University Presses.

Cleaver, F. 2012. *Development through Bricolage: Rethinking Institutions for Natural Resource Management.* London: Routledge.

Cleaver, F., and T. Franks. 2005. *How Institutions Elude Design: River Basin Management and Sustainable Livelihoods.* Bradford: Bradford Centre for International Development (BCID).

Cobbett, W. 1853. *Rural Rides in Surrey, Kent and Other Counties: In 2 Vols.* JM Dent & Sons.

Collier, P. 2008. "The Politics of Hunger: How Illusion and Greed Fan the Food Crisis." *Foreign Affairs*: 67-79.

Conroy, C. and Litvinoff, M. (eds). 1988. *The Greening of Aid. Sustainable Livelihoods in Practice.* London: Earthscan.

Conway, G. 1985. "Agroecosystems Analysis." *Agricultural Administration* 20: 31-55.

Conway, G. R. 1987. "The properties of agroecosystems." *Agricultural systems* 24,2: 95-117.

Conway, T., C. Moser, A. Norton and J. Farrington, J. 2002. *Rights and Livelihoods Approaches: Exploring Policy Dimensions.* London: Overseas Development Institute.

Cooke, B., and U. Kothari (eds.). 2001. *Participation: The New Tyranny?* London: Zed Books.

Corbett, J. 1988. "Famine and Household Coping Strategies." *World Development* 16,9: 1099-112.

Cornwall, A., and D. Eade. 2010. *Deconstructing Development Discourse: Buzzwords and Fuzzwords.* Rugby: Practical Action Publishing.

Corson, C., K.I. MacDonald and B. Neimark. 2013. "Grabbing Green: Markets, Environmental Governance and the Materialization of Natural Capital" *Human Geography* 6,1: 1-15.

Cotula, L. 2013. *The Great African Land Grab? Agricultural Investments and the Global Food System.* London: Zed Books.

Cousins, B. 2010. "What Is a 'Smallholder'?" *PLAAS Working Paper* 16. Cape Town: University of the Western Cape.

Cousins, B., D. Weiner and N. Amin. 1992. "Social Differentiation in the Communal Lands of Zimbabwe." *Review of African Political Economy* 19,53: 5-24.

Croll, E., and D. Parkin (eds.). 1992. *Bush Base, Forest Farm: Culture, Environment, and Development.* London: Routledge.

Davies, J., J. White, A. Wright, Y. Maru and M. LaFlamme. 2008. "Applying the Sustainable Livelihoods Approach in Australian Desert Aboriginal Development." *The Rangeland Journal* 30,1: 55-65.

Davies, S. 1996. *Adaptable Livelihoods: Coping with Food Insecurity in the Malian Sahel.* London: MacMillan.

Davies, S., and N. Hossain. 1987. "Livelihood Adaptation, Public Action and Civil Society: A Review of the Literature." *IDS Working Paper* 57. Brighton: Institute of Development Studies.

Davis, P., and B. Baulch. 2011. "Parallel Realities: Exploring Poverty Dynamics Using Mixed Methods in Rural Bangladesh." *The Journal of Development Studies* 47,1: 118-142.

De Bruijn, M., and H. van Dijk. 2005. "Introduction: Climate and Society in Central and South Mali." In M. De Bruijn, H. van Dijk, M. Kaag and K. van Til (eds.), *Sahelian Pathways. Climate and Society in Central and South Mali.* Leiden: African Studies Centre.

De Haan, A. 1999. "Livelihoods and Poverty: The Role of Migration. A Critical Review of the Migration Literature." *The Journal of Development Studies* 36,2: 1-47.

De Haan, L., and A. Zoomers. 2005. "Exploring the Frontier of Livelihoods Research." *Development and Change* 36,1: 27-47.

De Janvry, A. 1981. *The Agrarian Question and Reformism in Latin America.* Baltimore: Johns Hopkins University Press.

Deaton, A., and V. Kozel. 2004. "Data and Dogma: The Great Indian Poverty Debate." *World Bank Research Observer* 20,2: 177-199.

Dekker, M. 2004. *Risk, resettlement and relations: Social security in rural Zimbabwe.* Amsterdam: Rozenberg Publishers.

Deneulin, S., and J.A. McGregor. 2010. "The Capability Approach and the Politics of a Social Conception of Wellbeing." *European Journal of Social Theory* 13,4: 501-19.

Denzin, N.K., and Y.S. Lincoln (eds.). 2011. *The SAGE Handbook of Qualitative Research.* London: Sage.

Devereux, S., 2001. 'Livelihood Insecurity and Social Protection: A Re-Emerging Issue in Rural Development.' *Development Policy Review* 19,4: 507-220.

Devereux, S., and R. Sabates-Wheeler. 2004. "Transformative Social Protection." *IDS Working Paper* 232. Brighton: Institute of Development Studies.

Dolan, C.S. 2004. "I Sell My Labour Now': Gender and Livelihood Diversification in Uganda." *Canadian Journal of Development Studies/Revue Canadienne d'Études du Développement* 25,4: 643-61.

Dorward, A. 2009. "Integrating Contested Aspirations, Processes and Policy: Development as Hanging In, Stepping Up and Stepping Out." *Development Policy Review* 27,2: 131-46.

Dorward, A., S. Anderson, Y.N. Bernal, E.S. Vera, J. Rushton, J. Pattison and R. Paz. 2009. "Hanging in, Stepping up and Stepping out: Livelihood Aspirations and Strategies of the Poor." *Development in Practice* 19,2: 240-47.

Dorward, A., N. Poole, J. Morrison, J. Kydd and I. Urey. 2003. "Markets, Institutions and Technology: Missing Links in Livelihoods Analysis." *Developinent Policy Review* 21,3: 319-32.

Drinkwater, M., McEwan, M., and Samuels, F. 2006. "The Effects of HIV/AIDS on Agricultural Production Systems in Zambia: A Restudy 1993-2005". *IFPRI RENEWAL Report.* Washington, DC: International Food Policy.

Du Toit, A., and J. Ewert. 2002. "Myths of Globalisation: Private Regulation and Farm Worker Livelihoods on Western Cape Farms." *Transformation: Critical Perspectives on Southern Africa* 50,1: 77-104.

Duflo, E. 2012. "Human Values and the Design of the Fight against Poverty." Tanner Lecture. Massachusetts Institute of Technology (MIT), May.

Duncombe, R. 2014. "Understanding the Impact of Mobile Phones on Livelihoods in Developing Countries." *Development Policy Review* 32: 567-88.

Ehrlich, P. 1970. "The Population Bomb." *New York Times* November 4.

Ellis, F. 2000. *Rural Livelihoods and Diversity in Developing Countries*. Oxford: Oxford University Press.

Evans-Pritchard, E.E. 1940. *The Nuer: a description of the modes of livelihood and political institutions of a Nilotic people*. Oxford: Clarendon Press.

Ewert, J., and A. Du Toit. 2005. "A Deepening Divide in the Countryside: Restructuring and Rural Livelihoods in the South African Wine Industry." *Journal of Southern African Studies* 31,2: 315-32.

Eyben, R. (ed.). 2006. *Relationships for Aid*. London: Routledge.

Fairhead, J., M. Leach and I. Scoones. 2012. "Green Grabbing: A New Appropriation of Nature?" *Journal of Peasant Studies* 39,2: 237-61.

Fairhead, J. and M. Leach. 1996. *Misreading the African Landscape: Society and Ecology in a Forest-Savanna Mosaic*. Cambridge: Cambridge University Press.

Fals Borda, O., and M.A. Rahman. 1991. *Action and Knowledge: Breaking the Monopoly with Participatory Action Research*. Muscat: Apex Press.

Fardon, R. (ed.). 1990. *Localizing Strategies: Regional Traditions of Ethnographic Writing*. Edinburgh: Scottish Academic Press.

Farmer, B. 1977. *Green Revolution*. MacMillan: London.

Farrington, J. 1988. "Farmer Participatory Research: Editorial Introduction." *Experimental Agriculture* 24,03: 269-79.

Farrington, J., Ramasut, T. and Walker, J. 2002. 'Sustainable Livelihoods Approaches in Urban Areas: General Lessons, with Illustrations from Indian Examples'. *ODI Working Paper* 162. London: Overseas Development Institute.

Ferguson, J. 1990. *The Anti-Politics Machine: "Development," Depoliticization, and Bureaucratic Power in Lesotho*. Cambridge: Cambridge University Press.

Fine, B. 2001. *Social Capital versus Social Theory: Political Economy and Social Science at the Turn of the Millennium*. London: Routledge.

Folke, C., S. Carpenter, T. Elmqvist, L. Gunderson, C. Holling and B. Walker. 2002. "Resilience and Sustainable Development: Building Adaptive Capacity in a World of Transformations." AMBIO: *A Journal of the Human Environment* 31,5: 437-40.

Forsyth, T. 2003. *Critical Political Ecology: The Politics of Environmental Science*. Routledge: London.

Forsyth, T., M. Leach and I. Scoones. 1998. *Poverty and Environment: Priorities for Research and Study — An Overview Study, prepared for the United Nations Development Programme and European Commission*. Brighton: Institute of Development Studies.

Foucault, M., G. Burchell, C. Gordon and P. Miller (eds.). 1991. *The Foucault Effect: Studies in Governmentality*. Chicago: University of Chicago Press.

Francis, E. 2000. *Making a Living: Changing Livelihoods in Rural Africa*. London: Routledge.

Fraser N. 2003. "Social Justice in the Age of Identity Politics: Redistribution, Recognition and Participation." In N. Fraser and A. Honneth (eds.), *Redistribution or Recognition? A Political-Philosophical Exchange*. London: Verso.

____. 2011. "Marketization, Social Protection, Emancipation: Toward a Neo-Polanyian Conception of Capitalist Crisis." In C. Calhoun and G. Derluguian (eds.), *Business as Usual: The Roots of the Global Financial Meltdown*, New York: NYU Press: 137-57.

____. 2012. "Can Society Be Commodities All the Way Down? Polanyian Relections on Capitalist Crisis." Fondation Maison des Sciences de l'Homme Working Paper (FMSHWP) 2012-18.

____. 2013. "A Triple Movement? Parsing the Politics of Crisis after Polanyi." *New Left Review* 81: 119-32.

Fraser, N., and A. Honneth. 2003 *Redistribution or Recognition? A Political Philosophical Exchange*. London: Verso.

Freire, P. 1970. *Pedagogy of the Oppressed*. London: Bloomsbury Publishing.［三砂ちづる訳『被抑圧者の教育学』亜紀書房、2018 年］

Frost, P., and F. Robertson. 1987. *Fire: The Ecological Effects of Fire in Savannas*. Paris: International Union of Biological Sciences Monograph Series.

Gaillard, C., and J. Sourisseau. 2009. "Système de Culture, Système d'Activité(s) et Rural Livelihood: Enseignements Issus d'une Étude sur l'Agriculture Kanak (Nouvelle Calédonie)." *Journal de la Societé des Océanistes* 129,2: 5-20.

Geels, F., and J. Schot. 2007. "Typology of Sociotechnical Transition Pathways." *Research Policy* 36,3: 399-417.

Giddens, A. 1984. *The Constitution of Society: Outline of the Theory of Structuration*. Cambridge: Polity Press.［門田健一訳『社会の構成』勁草書房、2015 年］

Gieryn, T. 1999. *Cultural Boundaries of Science: Credibility on the Line*. Chicago: University of Chicago Press.

Gilbert, E.H., D.W. Norman and F.E. Winch. 1980. "Farming Systems Research: A Critical Appraisal." *MSU Rural Development Papers* 6. Department of Agricultural Economics, Michigan State University.

Gilling, J., Jones, S. and Duncan A. 2001. "Sector Approaches, Sustainable Livelihoods and Rural Poverty Reduction." *Development Policy Review* 19,3: 303-319.

Goldsmith, E., R. Allen, M. Allaby, J. Davoll and S. Lawrence. 1972. *A Blueprint for Survival*. Harmondsworth: Penguin.

Gough, I., and J.A. McGregor. 2007. *Wellbeing in Developing Countries: From Theory to Research*. Cambridge: Cambridge University Press.

Grandin, B. 1988. *Wealth Ranking in Smallholder Communities: A Field Manual*. London: Intermediate Technology Publications.

Greeley, M. 1994. "Measurement of Poverty and Poverty of Measurement." *IDS Bulletin* 25,2: 50-58.

Green, M., and D. Hulme. 2005. "From Correlates and Characteristics to Causes: Thinking about Poverty from a Chronic Poverty Perspective." *World Development* 33,6: 867-79.

Grindle, M.S., and J.W. Thomas. 1991. *Public Choices and Policy Change: The Political Economy of Reform in Developing Countries*. Baltimore: Johns Hopkins University Press.

Grosh, M.E., and P. Glewwe. 1995. *A Guide to Living Standards Measurement Study Surveys and Their Data Sets* (Vol. 120). Washington, DC: World Bank Publications.

Grosz, E.A. 1994. *Volatile Bodies: Toward a Corporeal Feminism*. Bloomington, IN: Indiana University Press.

Guijt, I. 1992. “The Elusive Poor: A Wealth of Ways to Find Them.” Special Issue on Applications of Wealth Ranking. *RRA Notes* 15: 7-13.

____. 2008. “Seeking Surprise: Rethinking Monitoring for Collective Learning in Rural Resource Management.” Wageningen: PhD thesis, Wageningen Universiteit.

Gunderson, L.H. and Holling, C.H. (eds.) 2002. *Panarchy: Understanding Transformations in Human and Natural Systems*. Washington DC: Island Press.

Gupta, C. L. 2003. “Role of renewable energy technologies in generating sustainable livelihoods.” *Renewable and Sustainable Energy Reviews* 7,2: 155-174.

Guyer, J., and P. Peters. 1987. “Conceptualising the Household: Issues of Theory and Policy in Africa.” *Development and Change* 18,2: 197-214.

Haggblade, S., Hazell, P. and Reardon, T. 2010. “The Rural Non-farm Economy: Prospects for Growth and Poverty Reduction,” *World Development* 38,10: 1429-1441.

Hall, D. 2012. “Rethinking Primitive Accumulation: Theoretical Tensions and Rural Southeast Asian Complexities.” *Antipode* 44,4: 1188–208.

Hall, D., P. Hirsch and T.M. Li. 2011. *Powers of Exclusion: Land Dilemmas in Southeast Asia*. Honolulu: University of Hawaii Press.

Haraway, D. 1988. “Situated Knowledges: The Science Question in Feminism and the Privilege of Partial Perspective.” *Feminist Studies* 575-99.

Harcourt, W., and A. Escobar (eds.). 2005. *Women and the Politics of Place*. Bloomfield, CT: Kumarian Press.

Hardin, G. 1968. “The Tragedy of the Commons.” *Science* 162,3859: 1243-48.

Harriss, J., Hunter, J. and Lewis, C. M. (eds.). 1995. *The New Institutional Economics and Third World Development.* London: Routledge.

Harriss-White, J. (ed.). 1997. “Policy Arena: ‘Missing Link’ or Analytically Missing? The Concept of Social Capital.” *Journal of International Development* 9,7: 919-71.

Harriss, J. 2011. Village studies, pp.165-172. In Cornwall, A. and Scoones, I., *Revolutionizing development: reflections on the work of Robert Chambers*. London: Routledge.

____. 2002. *Depoliticizing Development: The World Bank and Social Capital*. London: Anthem Press.

Harriss White, B., and N. Gooptu. 2009. “Mapping India’s World of Unorganized Labour.” *Socialist Register* 37: 89-118.

Hart, G. 1986. *Power, Labor and Livelihoods*. Berkeley: University of California Press.

Hartmann, B. 2010. “Rethinking the Role of Population in Human Security.” In R. Matthew, J. Barnett, B. McDonald and K. O’Brien (eds.) *Global Environmental Change and Human Security.* Cambridge Mass.: MIT Press.

Harvey, D. 2005. *A Brief History of Neoliberalism*. Oxford University Press. ［渡辺治他訳『新自由主義─その歴史的展開と現在』作品社、2007 年］

Haverkort, B., and W. Hiemstra. 1999. *Food for Thought: Ancient Visions and New Experiments of Rural People.* London: Zed Books.

Haverkort, B., J.V.D. Kamp and A. Waters Bayer. 1991. *Joining Farmers’ Experiments: Experiences in Participatory Technology Development.* London: Intermediate Technology Publications.

Hazell, P.B., and C, Ramasamy. 1991. *The Green Revolution Reconsidered: The Impact of High-yielding*

Rice Varieties in South India. Baltimore: Johns Hopkins University Press.

Hickey, S., and G. Mohan. 2005. "Relocating Participation Within a Radical Politics of Development." *Development and Change* 36,2: 237-62.

Hill, P. 1986 *Development Economics on Trial: The Anthropological Case for a Prosecution*. Cambridge: Cambridge University Press.

Hobley, M., and D. Shields. 2000. *The Reality of Trying to Transform Structures and Processes: Forestry in Rural Livelihoods*. London: Overseas Development Institute.

Holling, C.S. 1973. "Resilience and Stability of Ecological Systems." *Annual Review of Ecology and Systematics* 1-23.

Homewood, K. (ed.). 2005. *Rural Resources and Local Livelihoods in Africa*. James Currey Ltd.

Hoon, P., Singh, N. and Wanmali, S.S. 1997. *Sustainable Livelihoods: Concepts, Principles and Approaches to Indicator Development, A Discussion Paper.* http://www.undp.org/sl/document/strategy_papers/

Howes, M., and R. Chambers. 1979. "Indigenous Technical Knowledge: Analysis, Implications and Issues." *IDS Bulletin* 10,2: 5-11.

Hudson, D., and A. Leftwich. 2014. "From Political Economy to Political Analysis." *Research Paper* 25. Birmingham: University of Birmingham, Developmental Leadership Programme.

Hulme, D., and A. Shepherd. 2003. "Conceptualising Chronic Poverty." *World Development* 31: 403-23.

Hulme, D., and J. Toye. 2006. "The Case for Cross-Disciplinary Social Science Research on Poverty, Inequality and Well-being." *Journal of Development Studies* 42,7: 1085-107.

Hussein, K. 2002. *Livelihoods Approaches Compared: A Multi-Agency Review of Current Practice*. London: Overseas Development Institute.

Hutton, J., W.M. Adams and J.C. Murombedzi. 2005. "Back to the Barriers? Changing Narratives in Biodiversity Conservation." *Forum for Development Studies* 32,2: 341-70.

Hyden, G. 1998. "Governance and Sustainable Livelihoods." Paper for the Workshop on Sustainable Livelihoods and Sustainable Development, 1-3 October, 1998, jointly organized by UNDP and the Center for African Studies, University of Florida, Gainesville.

Institute of Development Studies (IDS) (KNOTS). 2006. *Understanding Policy Processes: A Review of ids Research on the Environment*. Brighton: Institute of Development Studies.

Jackson, C. 1993. "Women/Nature or Gender/History? A Critique of Ecofeminist 'Development." *Journal of Peasant Studies* 20,3: 389-418.

Jackson, T. 2005. "Live Better by Consuming Less? Is There a 'Double Dividend' in Sustainable Consumption?" *Journal of Industrial Ecology* 9,12: 19-36.

____. 2011. *Prosperity Without Growth: Economics for a Finite Planet*. London: Routledge.

Jakimow, T. 2013. "Unlocking the Black Box of Institutions in Livelihoods Analysis: Case Study from Andhra Pradesh, India." *Oxford Development Studies* 41,4: 493-516.

Jasanoff, S. (ed.). 2004. *States of Knowledge: The Co-Production of Science and the Social Order*. London: Routledge.

Jerven, M. 2013. *Poor Numbers: How We Are Misled by African Development Statistics and What to Do About It*. Ithaca, NY: Cornell University Press.

Jha, S., Bacon, C. M., Philpott, S. M., Rice, R. A., Méndez, V. E., & Läderach, P. 2011. A review of ecosystem services, farmer livelihoods, and value chains in shade coffee agroecosystems, pp.141-208. In: Campbell, W. and Lopez Ortiz, S. (eds.) *Integrating agriculture, conservation and ecotourism: examples from the field*. Berlin: Springer

Jingzhong, Y., and P. Lu. 2011. "Differentiated Childhoods: Impacts of Rural Labour Migration on Left-behind Children in China." *Journal of Peasant Studies* 38,2: 355-77.

Jingzhong, Y., Y. Wang and N. Long. 2009. "Farmer Initiatives and Livelihood Diversification: From the Collective to a Market Economy in Rural China." *Journal of Agrarian Change* 9,2: 175-203.

Jodha, N. S. 1988. "Poverty Debate in India: A Minority View." *Economic and Political Weekly*. Special Number, November: 2421-28.

Kaag, M., van Berkel, R., Brons, J., de Bruijn, M., van Dijk, H., de Haan, L., Nooteboom, G. and Zoomers, A. 2004. Ways forward in livelihood research, pp. 49-74, in *Globalization and development. Themes and concepts in current research*, Kalb, D., Panters, W. and Siebers, H. (eds.), Dordrecht: Kluwer Academic Press.

Kabeer, N. 2005. "Snakes, Ladders and Traps: Changing Lives and Livelihoods in Rural Bangladesh (1994-2001)." *CPRC Working Paper* 50. Manchester: Chronic Poverty Research Centre.

Kanbur, R. (ed.). 2003. *Q-Squared: Combining Qualitative and Quantitative Methods in Poverty Appraisal*. Delhi: Permanent Black.

Kanbur, R., and P. Shaffer. 2006. "Epistemology, Normative Theory and Poverty Analysis: Implications for Q-Squared in Practice." *World Development* 35,2: 183-96.

Kanbur, R., and A. Sumner, 2012. "Poor Countries of Poor People? Development Assistance and the New Geography of Global Poverty." *Journal of International Development* 24,6: 686-95.

Kanji, N. 2002. "Trading and Trade-offs: Women's Livelihoods in Gorno Badakhshan, Tadjikistan." *Development in Practice* 12,2.

Keeley, J., and I. Scoones. 1999. "Understanding Environmental Policy Processes: A Review." *IDS Working Paper* 89. Brighton: Institute of Development Studies.

____. 2003. *Understanding Environmental Policy Processes: Cases from Africa*. London: Earthscan.

Kelsall, T. 2013. *Business, Politics, and the State in Africa: Challenging the Orthodoxies on Growth and Transformation*. London: Zed Books.

Kuhn, T.S. 1962. *The Structure of Scientific Revolutions*. Chicago: University of Chicago Press. ［中山茂訳『科学革命の構造』みすず書房、1971 年］

Laderchi, C.R., R. Saith and F. Stewart. 2003. "Does It Matter that We Do Not Agree on the Definition of Poverty? A Comparison of Four Approaches." *Oxford Development Studies* 31,3: 243-74.

Lane, C., and R. Moorehead. 1994. "New Directions in Rangeland and Resource Tenure and Policy." In I. Scoones (ed.), *Living with Uncertainty: New Directions in Pastoral Development in Africa*. London: Intermediate Technology Publications.

Lankford, B., and N. Hepworth. 2010. "The Cathedral and the Bazaar: Monocentric and Polycentric River Basin Management." *Water Alternatives* 3,1: 82-101.

Layard, P.R.G., and R. Layard. 2011. *Happiness: Lessons from a New Science*. Harmondsworth: Penguin.

Lazarus, J. 2008. "Participation in Poverty Reduction Strategy Papers: Reviewing the Past, Assessing the Present and Predicting the Future." *Third World Quarterly* 29,6: 1205-21.

Leach, M. 2007. "Earth Mother Myths and Other Ecofeminist Fables: How a Strategic Notion Rose and Fell." *Development and Change* 38,1: 67-85.

Leach, M., and R. Mearns. (eds.). 1996. The Lie of the Land: Challenging Received Wisdom on the African Environment. Oxford: James Currey.

Leach, M., R. Mearns and I. Scoones. 1999. "Environmental Entitlements: Dynamics and Institutions in Community-based Natural Resource Management." *World Development* 27: 2225-47.

Leach, M., K. Raworth and J. Rockström. 2013. "Between Social and Planetary Boundaries: Navigating Pathways in the Safe and Just Space for Humanity. In International Social Science Council/UNESCO (eds.). *World Social Science Report 2013: Changing Global Environments*. Paris: OECD and UNESCO.

Leach, M., J. Rokstrom, P. Raskin, I. Scoones, A.C. Stirling, A. Smith and P. Olsson. 2012. "Transforming Innovation for Sustainability." *Ecology and Society* 17,2: 11.

Leach, M., and I. Scoones (eds.). 2015. *Carbon Conflicts and Forest Landscapes in Africa*. London: Routledge.

Leach, M., I. Scoones and A. Stirling. 2010. *Dynamic Sustainabilities: Technology, Environment, Social Justice*. London: Earthscan.

Leftwich, A. 2007. *From Drivers of Change to the Politics of Development: Refining the Analytical Framework to Understand the Politics of the Places where we Work: Notes of Guidance for DfID Offices*. London: DfID.

Lele, S.M. 1991. "Sustainable Development: A Critical Review." *World Development* 19,6: 607-21.

Li, T. 2014. *Land's End: Capitalist Relations on an Indigenous Frontier*. Durham: Duke University Press.

Li, T.M. 1996. "Images of Community: Discourse and Strategy in Property Relations." *Development and Change* 27,3: 501–27.

____. 2007. *The Will to Improve: Governmentality, Development, and the Practice of Politics*. Durham: Duke University Press.

Lipton, M. and Moore, M. 1972. "Methodology of Village Studies in Less Developed Countries." Brighton: Institute of Development Studies.

Lipton, M. 2009. *Land Reform in Developing Countries: Property Rights and Property Wrongs*. London: Routledge.

Loevinson, M. and Gillespie, S. 2003. *HIV/AIDS, Food Security and Rural Livelihoods: Understanding and Responding*. FCND Discussion Paper 157, Food Consumption and Nutrition Division, International Food Policy Research Institute, Washington DC.

Long, N. 1984. *Family and Work in Rural Societies. Perspectives on Non-Wage Labour*. London: Tavistock.

Long, N., and A. Long (eds.). 1992. *Battlefields of Knowledge: The Interlocking of Theory and Practice in Social Research and Development*. London: Routledge.

Long, N., and J.C. van der Ploeg. 1989. "Demythologizing Planned Intervention: An Actor Perspective." *Sociologia Ruralis* 29,34: 226-49.

Longley, C. and Maxwell, D. 2003. *Livelihoods, Chronic Conflict and Humanitarian Response: A Review of Current Approaches*. London: Overseas Development Institute.

Lund, C. 2006. "Twilight Institutions: Public Authority and Local Politics in Africa." *Development and Change* 37,4: 685-705.

____. 2008. *Local Politics and the Dynamics of Property in Africa.* Cambridge: Cambridge University Press.

Mamdani, M. 1996. *Citizen and Subject: Contemporary Africa and the Legacy of Late Colonialism.* Princeton: Princeton University Press.

Martinez-Alier, J. 2014. "The Environmentalism of the Poor." *Geoforum*, 54: 239-241.

Martinez-Alier J., I. Anguelovski, P. Bond, D. Del Bene, F. Demaria, J.-F. Gerber, L. Greyl, W. Haas, H. Healy, V. Marín-Burgos, G. Ojo, L. Porto M., Rijnhout, B. Rodríguez-Labajos, J. Spangenberg, L. Temper, R. Warlenius and I. Yánez. 2014. "Between Activism and Science: Grassroots Concepts for Sustainability Coined by Environmental Justice Organizations." *Journal of Political Ecology* 21: 19-60.

Marx, K. 1973. *Grundrisse: Foundations of the Critique of Political Economy,* translated by Martin Nicolaus. New York: Vintage.［高木幸二郎監訳『経済学批判要綱』全 5 冊、大月書店、1958 年］

Matthew, B. 2005. *Ensuring Sustained Beneficial Outcomes for Water and Sanitation Programmes in the Developing World.* The Hague: IRC International Water and Sanitation Centre.

Maxwell, D.G. 1996. "Measuring Food Insecurity: The Frequency and Severity of 'Coping Strategies.'" *Food Policy* 21,3: 291-303.

Maxwell, D., C. Levin, M. Armar-Klemesu, M. Ruel, S. Morris and C. Ahiadeke. 2000. *Urban Livelihoods and Food and Nutrition Security in Greater Accra, Ghana.* Washington, DC: International Food Policy Research Institute.

McAfee, K. 1999. "Selling Nature to Save it? Biodiversity and the Rise of Green Developmentalism." *Environment and Planning D: Society and Space* 17,2: 133-54.

____. 2012. "The Contradictory Logic of Global Ecosystem Services Markets." *Development and Change* 43,1: 105-31.

McDowell, C. and De Haan, A. 1997. *Migration and Sustainable Livelihoods: A Critical Review of the Literature.* Brighton: Institute of Development Studies.

McGregor, J.A. 2007. "Researching Human Wellbeing: From Concepts to Methodology." In I. Gough and J.A. McGregor (eds.), *Wellbeing in Developing Countries: From Theory to Research.* Cambridge: Cambridge University Press.

Meadows, D.H., E.I. Goldsmith and P. Meadow. 1972. *The Limits to Growth.* London: Earth Island Limited.［大来佐武郎監訳『成長の限界――ローマ・クラブ「人類の危機」レポート』ダイヤモンド社、1972 年］

Mehta, L. 2005. *The Politics and Poetics of Water: The Naturalisation of Scarcity in Western India.* Hyderabad: Orient Blackswan

Mehta, L. (ed.). 2010. *The Limits to Scarcity: Contesting the Politics of Allocation.* London: Routledge.

Mehta, L., M. Leach, P. Newell, I. Scoones, K. Sivaramakrishnan and S.A. Way. 1999. "Exploring Understandings of Institutions and Uncertainty: New Directions in Natural Resource Management." *IDS Discussion Paper* 372. Brighton: Institute of Development Studies.

Merry, S. E. 1988. "Legal Pluralism." *Law and Society Review* 22,5: 869-96.

Moock, J. (ed.). 1986. *Understanding Africa's Rural Household and Farming Systems.* Boulder: Westview Press.

Moore, S.F. 2000. *Law as Process: An Anthropological Approach.* Münster: LIT Verlag.

Morris, M.D. 1979. *Measuring the Condition of the World's Poor: The Physical Quality of Life Index*. Pergamon Policy Studies, No.42, New York, Pergamon Press.

Morris, M.L., H.P. Binswanger-Mkhize and D. Byerlee. 2009. *Awakening Africa's Sleeping Giant: Prospects for Commercial Agriculture in the Guinea Savannah Zone and Beyond*. Washington, DC: World Bank Publications.

Morse, S., and N. McNamara. 2013. *Sustainable Livelihood Approach: A Critique of Theory and Practice*. Amsterdam: Springer.

Mortimore, M. 1989. *Adapting to Drought, Farmers, Famines and Desertification in West Africa*. Cambridge: Cambridge University Press.

Mortimore, M., and W.M. Adams. 1999. *Working the Sahel. Environment and Society in Northern Nigeria*. London: Routledge.

Morton, J. and Meadows, N., 2000. *Pastoralism and sustainable livelihoods: an emerging agenda*. Chatham: Natural Resources Institute.

Moser, C. 2008. "Assets and Livelihoods: A Framework for Asset-based Social Policy." In C. Moser, A. Dani (eds.), *Assets, Livelihoods and Social Policy*. Washington, DC: World Bank.

Moser, C., and A. Norton. 2001. *To Claim Our Rights: Livelihood Security, Human Rights and Sustainable Development*. London: Overseas Development Institute.

Mosse, D. 2004. "Is Good Policy Unimplementable? Reflections on the Ethnography of Aid Policy and Practice." *Development and Change* 35,4: 639-71.

____. 2007. "Power and the Durability of Poverty: A Critical Exploration of the Links between Culture, Marginality and Poverty." *Chronic Poverty Research Centre Working Paper* 107. London: SOAS.

____. 2010. "A Relational Approach to Durable Poverty, Inequality and Power." *The Journal of Development Studies* 46,7: 1156-78.

Mosse, D., S. Gupta, L. Mehta, V. Shah, J.F. Rees and K.P. Team. 2002. "Brokered Livelihoods: Debt, Labour Migration and Development in Tribal Western India." *Journal of Development Studies* 38,5: 59-88.

Mouffe, C. 2005. *On the Political*. London: Routledge.［酒井隆史監訳、篠原雅武訳『政治的なものについて――闘技的民主主義と多元主義的グローバル秩序の構築』明石書店、2008 年］

Murray, C. 2002. "Livelihoods Research: Transcending Boundaries of Time and Space." *Journal of Southern African Studies. Special Issue: Changing Livelihoods* 28,3: 489-509.

Mushongah, J. 2009. "Rethinking Vulnerability: Livelihood Change in Southern Zimbabwe, 1986-2006." PhD dissertation, University of Sussex.

Mushongah, J., and I. Scoones. 2012. "Livelihood Change in Rural Zimbabwe over 20 Years." *Journal of Development Studies* 48,9: 1241-57.

Narayan, D., R. Chambers, M. Shah, M. Kaul and P. Petesch. 2000. *Voices of the Poor: Crying out for Change*. New York: Oxford University Press for the World Bank.［"Voices of the Poor" 翻訳グループ訳『貧しい人々の声――私たちの声が聞こえますか？』世界銀行、2001 年］

Necosmos, M. 1993. "The Agrarian Question in Southern Africa and 'Accumulation from Below': Economics and Politics in the Struggle for Democracy." *Scandinavian Institute of African Studies Research Report* 93. Uppsala: SIAS.

Nelson, D., W.N. Adger and K. Brown. 2007. "Adaptation to Environmental Change: Contributions of a Resilience Framework." *Annual Review of Environment and Resources* 32: 345-73.

Netting R. 1968. *Hill Farmers of Nigeria: Cultural Ecology of the Kofyar of the Jos Plateau*. Seattle: University of Washington Press.

____. 1993. *Smallholders, Householders: Farm Families and the Ecology of Intensive, Sustainable Agriculture*. Stanford: Stanford University Press.

Nicol, A. 2000. 'Adopting a Sustainable Livelihoods Approach to Water Projects: Implications for Policy and Practice'. *ODI Working Paper* 133. London: Overseas Development Institute.

Nightingale, A.J. 2011. "Bounding Difference: Intersectionality and the Material Production of Gender, Caste, Class and Environment in Nepal." *Geoforum* 42,2: 153-62.

North, D. 1990. *Institutions, Institutional Change and Economic Performance*. Cambridge: Cambridge University Press.

Norton, A., and M. Foster. 2001. "The Potential of Using Sustainable Livelihoods Approaches in Poverty Reduction Strategy Papers." London: Overseas Development Institute.

Nussbaum, M.C. 2003. "Capabilities as Fundamental Entitlement: Sen and Social Justice." *Feminist Economics* 9,2-3: 33-59.

Nussbaum, M.C., and A.K. Sen (eds.). 1993. *The Quality of Life*. Oxford: Clarendon Press.［水谷めぐみ訳『クオリティー・オブ・ライフ──豊かさの本質とは』里文出版、2006 年］

Nussbaum, M.C., and J. Glover (eds.). 1995. *Women, Culture and Development*. Oxford: Clarendon Press.

Ohlsson, L. 2000. *Livelihood conflicts: Linking poverty and environment as causes of conflict*. Stockholm: Swedish International Development Cooperation Agency.

O'Laughlin, B. 1998. "Missing Men? The Debate over Rural Poverty and Women-headed Households in Southern Africa." *Journal of Peasant Studies* 25,2: 1-48.

____. 2002. "Proletarianisation, Agency and Changing Rural Livelihoods: Forced Labour and Resistance in Colonial Mozambique." *Journal of Southern African Studies* 28: 511-30.

____. 2004. "Book Reviews." *Development and Change* 35,2: 385-403.

Olivier de Sardan, J.P. 2011. "Local Powers and the Co-delivery of Public Goods in Niger." *IDS Bulletin* 42,2: 32-42.

Ortner, S.B. 1984. "Theory in Anthropology since the Sixties." *Comparative Studies in Society and History* 26,1: 126-66.

____. 2005. "Subjectivity and Cultural Critique." *Anthropological Theory* 5,1: 31-52.

Ostrӧm, E. 1990. *Governing the Commons: The Evolution of Institutions for Collective Action*. Cambridge: Cambridge University Press.

____. 2009. *Understanding Institutional Diversity*. Princeton, NJ: Princeton University Press.

Paavola, J. 2008. "Livelihoods, vulnerability and adaptation to climate change in Morogoro, Tanzania." *Environmental Science & Policy* 11,7: 642-654.

Patel, R. 2009. "Grassroots Voices: Food Sovereignty." *Journal of Peasant Studies* 36,3: 663-706.

Paul, C. 2007. *The Bottom Billion: Why the Poorest Countries Are Failing and Wiat Can Be Done About It*. Oxford: Oxford University Press.

Peet, R., P. Robbins and M. Watts (eds.). 2010. *Global Political Ecology*. London: Routledge.

Peet, R., and M. Watts (eds.). 1996, 2004. *Liberation Ecologies: Environment, Development and Social Movements.* London: Routledge.

Pelissier, P. 1984. *Le Développement Rural en Question: Paysages, Espaces Ruraux, Systèmes Agraires.* Paris: Publications ORSTOM.

Peluso, N.L., and C. Lund. 2011. "New Frontiers of Land Control: Introduction." *Journal of Peasant Studies* 38, 4: 667-81.

Peters, P.E. 2004. "Inequality and Social Conflict over Land in Africa." *Journal of Agrarian Change* 4,3: 269-314.

____. 2009. "Challenges in Land Tenure and Land Reform in Africa: Anthropological Contributions." *World Development* 37,8: 1317–25.

Piketty, T. 2014. *Capital in the Twenty-first Century.* Cambridge: Harvard University Press. ［山形浩生・守岡桜・森本正史訳『21 世紀の資本』みすず書房、2014 年］

Polanyi, K. 1977 (ed., H.W. Pearson). *The Livelihood of Man.* New York: Academic Press. ［玉野井芳郎・栗本慎一郎訳『人間の経済１・２』岩波現代選書、1998 年］

Polanyi, K. 2001 (1944). *The Great Transformation: The Political and Economic Origins of our Time.* Boston: Beacon Press. ［野口建彦・栖原学訳『「新訳」大転換――市場社会の形成と崩壊』東洋経済新報社、2009 年］

Pound, B., Braun, A., Snapp, S. and McDougall, C. 2003. *Managing Natural Resources for Sustainable Livelihoods: Uniting Science and Participation.* IDRC: Ottawa.

Prowse, M. 2010. "Integrating Reflexivity into Livelihoods Research" *Progress in Development Studies* 10: 211-31.

Putnam, R., R. Leonardi and R. Nanetti. 1993. *Making Democracy Work: Civic Traditions in Modern Italy.* Princeton, NJ: Princeton University Press.

Rakodi, C. & T. Lloyd Jones (eds.), 2002. *Urban Livelihoods; a people centred approach to reducing poverty.* London: Earthscan.

Ramalingam, B. 2013. *Aid on the Edge of Chaos: Rethinking International Cooperation in a Complex World.* Oxford: Oxford University Press.

Ranger, T.O., and E.J. Hobsbawm (eds.). 1983. *The Invention of Tradition.* Cambridge: Cambridge University Press. ［前川啓治・梶原景昭他訳『創られた伝統』紀伊國屋書店、1992 年］

Rappaport, R. 1967. *Pigs for the Ancestors: Ritual in the Ecology of a New Guinea People.* New Haven: Yale University Press.

Ravallion, M. 2011a. *Global Poverty Measurement: Current Practice and Future Challenges.* Washington, DC: Development Research Group of the World Bank.

____. 2011b. "On Multidimensional Indices of Poverty." *The Journal of Economic Inequality* 9,2: 235-48.

____. 2011c. "Mashup Indices of Development." *The World Bank Research Observer* 27,1 (February 2012).

Razavi, S. 1999. "Gendered Poverty and Well-being: Introduction." *Development and Change* 30,3: 409-33.

Reason, P., and H. Bradbury (eds.). 2001. *Handbook of Action Research: Participative Inquiry and Practice.* London: Sage.

Reij, C., I. Scoones and C. Toulmin (eds.). 1996. *Sustaining the Soil: Indigenous Soil and Water*

Conservation in Africa. London: Earthscan.

Rennie, J. and Singh, N. 1996. *Participatory Research for Sustainable Livelihoods: A Guidebook for Field Projects*. IISD: Ottawa.

Ribot, J.C., and N.L. Peluso. 2003. "A Theory of Access." *Rural Sociology* 68,2: 153-81.

Richards, P. 1985. *Indigenous Agricultural Revolution: Ecology and Food Crops in West Africa*. London: Hutchinson.

____. 1986. *Coping with Hunger: Hazard and Experiment in an African Rice farming System*. London: Allen & Unwin.

Rigg, J., T.A. Nguyen and T.T.H. Luong. 2014. "The Texture of Livelihoods: Migration and Making a Living in Hanoi." *Journal of Development Studies* 50,3: 368-82.

Robbins, P. 2003. *Political Ecology: A Critical Introduction*. Blackwell: Oxford.

Rocheleau, D., B. Thomas-Slayter and E. Wangari (eds.). 1996. *Feminist Political Ecology: Global Issues and Local Experience*. London: Routledge.

Rockström, J., W. Steffen, K. Noone, Å Persson, F.S. Chapin, E.F. Lambin and J.A. Foley. 2009. "A Safe Operating Space for Humanity." *Nature* 461,7263: 472-75.

Rodríguez, I. 2007. "Pemon Perspectives of Fire Management in Canaima National Park, Southeastern Venezuela." *Human Ecology* 35,3: 331-43.

Roe, E.M. 1991. "Development Narratives, or Making the Best of Blueprint Development." *World Development* 19,4: 287-300.

Rojas, M. 2011. "Happiness, Income, and Beyond." *Applied Research in Quality of Life* 6,3: 265-76.

Rosset, P. 2011. "Food Sovereignty and Alternative Paradigms to Confront Land Grabbing and the Food and Climate Crises." *Development* 54,1: 21-30.

Rosset, P.M., and M.E. Martínez-Torres. 2012. "Rural Social Movements and Agroecology: Context, Theory, and Process." *Ecology and Society* 17,3.

Rowntree, B.S. 1902. *Poverty: A Study of Town Life*. London: MacMillan and Co.［長沼弘毅訳『最低生活研究』高山書院、1943 年］

Sakdapolorak, P. 2014. Livelihoods as Social Practices — Re-energising Livelihoods Research with Bourdieu's Theory of Practice. *Geographica Helvetica* 69: 19-28.

Sallu, S.M., C. Twyman and L.C. Stringer. 2010. "Resilient or Vulnerable Livelihoods? Assessing Livelihood Dynamics and Trajectories in Rural Botswana." *Ecology and Society* 15,4.

Scoones, I. (ed.). 1995a. *Living with Uncertainty: New Directions in Pastoral Development in Africa*. London: Intermediate Technology Publications.

____. 1995b. "Investigating Difference: Applications of Wealth Ranking and Household Survey Approaches among Farming Households in Southern Africa." *Development and Change* 26: 67-88.

____. 1998. "Sustainable Rural Livelihoods: A Framework for Analysis." *IDS Working Paper* 72. Brighton: Institute of Development Studies.

____. 1999. "New Ecology and the Social Sciences: What Prospects for a Fruitful Engagement?" *Annual Review of Anthropology* 28: 479-507.

____. (ed.). 2001. *Dynamics and Diversity: Soil Fertility and Farming Livelihoods in Africa. Case Studies from Ethiopia, Mali, and Zimbabwe*. London: Earthscan.

____. 2007. "Sustainability." *Development in Practice* 17,5: 89-96.

____. 2009. "Livelihoods Perspectives and Rural Development." *Journal of Peasant Studies* 36,1: 171-196.

____. 2015, forthcoming. "Transforming Soils: Transdisciplinary Perspectives and Pathways to Sustainability." Current Opinion in Environmental Sustainability.

Scoones, I., M. Leach and P. Newell (eds.). 2015. *The Politics of Green Transformations*. London: Routledge.

Scoones, I., N. Marongwe, J. Blasio Mavedzenge, F.M. Mahenehene and C. Sukume. 2010. *Zimbabwe's Land Reform: Myths and Realities*. Woodbridge: James Currey.

Scoones, I., N. Marongwe, B. Mavedzenge, F. Murimbarimba, J. Mahenehene and C. Sukume. 2012. "Livelihoods after Land Reform in Zimbabwe: Understanding Processes of Rural Differentiation." *Journal of Agrarian Change* 12,4: 503-27.

Scoones, I., R. Smalley, R. Hall, and D. Tsikata. 2014. "Narratives of Scarcity: Understanding the 'Global Resource Grab'" *Future Agricultures Working Paper*. Brighton: Future Agricultures Consortium.

Scoones, I. with Chibudu, C., Chikura, S., Jeranyama, P., Machanja, W., Mavedzenge, B., Mombeshora, B., Mudhara, M., Mudziwo, C., Murimbarimba, F., Zirereza, B. 1996. *Hazards and Opportunities. Farming Livelihoods in Dryland Africa: Lessons from Zimbabwe*. London: Zed Books.

Scoones, I., and J. Thompson. 1994. *Beyond Farmer First: Rural People's Knowledge, Agricultural Research and Extension Practice*. London: Intermediate Technology Publications.

Scoones, I., and W. Wolmer (eds.). 2002. *Pathways of Change in Africa: Crops, Livestock and Livelihoods in Mali, Ethiopia and Zimbabwe.* Oxford: James Currey.

____ (eds.). 2003. "Livelihoods in Crisis? New Perspectives on Governance and Rural Development in Southern Africa." *IDS Bulletin* 34,3.

Scott, J. C. 1998. *Seeing Like a State: How Certain Schemes to Improve the Human Condition Have Failed.* New Haven: Yale University Press.

Sen, A. 1981. *Poverty and Famines: An Essay on Entitlement and Deprivation*. Oxford: Clarendon Press. ［黒崎卓・山崎幸治訳『貧困と飢饉』岩波書店、2000 年］

____. 1985. *Commodities and Capabilities*. Oxford: Elsevier Science Publishers.［鈴村興太郎訳『福祉の経済学――財と潜在能力』岩波書店、1988 年］

____. 1990. "Development as Capability Expansion." In K. Griffin and J. Knight (eds.), *Human Development and the International Development Strategy for the 1990s*. London: Macmillan.

____. 1999. *Development as Freedom*. Oxford: Oxford University Press.［石塚雅彦訳『自由と経済開発』日本経済新聞社、2002 年］

Shah, E. 2012. "'A Life Wasted Making Dust': Affective Histories of Dearth, Death, Debt and Farmers' Suicides in India." *Journal of Peasant Studies* 39,5: 1159–79.

Shankland, A. 2000. "Analysing Policy for Sustainable Livelihoods." *IDS Research Paper* 49. Brighton: Institute of Development Studies.

Shiva, V., and M. Mies. 1993. *Ecofeminism.* Atlantic Highlands, NJ: Zed.

Shore, C., and S. Wright (eds.). 2003. *Anthropology of Policy: Perspectives on Governance and Power.* London: Routledge.

Sikor, T., and C. Lund (eds.). 2010. *The Politics of Possession: Property, Authority, and Access to Natural Resources.* Chichester: John Wiley & Sons.

Sillitoe, P. 1998. "The Development of Indigenous Knowledge: A New Applied Anthropology." *Current Anthropology* 39,2: 223-52.

Smith, A., A. Stirling and F. Berkhout. 2005. "The Governance of Sustainable Socio-technical Transitions." *Research Policy* 34,10: 1491-510.

Smith, L. E. 2004. "Assessment of the contribution of irrigation to poverty reduction and sustainable livelihoods." *International Journal of Water Resources Development* 20,2: 243-257.

Soemarwoto, O., and G.R. Conway. 1992. "The Javanese Homegarden." *Journal for Farming Systems Research-Extension* 2,3: 95-118.

Solesbury, W. 2003. *Sustainable Livelihoods: A Case Study of the Evolution of DFID Policy,* ODI Working Paper 217. London: Overseas Development Institute.

STEPS Centre. 2010. *Innovation, Sustainability, Development: A New Manifesto.* Brighton: STEPS Centre.

Stevens, C., Devereux, S. and Kennan, J. 2003. *International Trade, Livelihoods and Food Security in Developing Countries.* Brighton: Institute of Development Studies.

Stirling, A. 2007. "A General Framework for Analysing Diversity in Science, Technology and Society." *Journal of the Royal Society Interface* 4,15: 707-19.

____. 2008. "Opening Up and Closing Down: Power, Participation and Pluralism in the Social Appraisal of Technology." *Science Technology and Human Values* 33,2: 262-94.

Streeten, P., S.J. Burki, U. Haq, N. Hicks, and F. Stewart. 1981. *First Things First: Meeting Basic Human Needs in the Developing Countries.* Oxford: Oxford University Press.

Sultana, F. 2011. "Suffering for Water, Suffering from Water: Emotional Geographies of Resource Access, Control and Conflict." *Geoforum* 42,2: 163-72.

Sumberg, J., and J. Thompson (eds.). 2012. *Contested Agronomy: Agricultural Research in a Changing World.* London: Routledge.

Sumner, A. 2012. "Where Do the Poor Live?" *World Development* 40,5: 865-77.

Sumner, A., and M.A. Tribe. 2008. *International Development Studies: Theories and Methods in Research and Practice.* London: Sage.

Swaminathan, M.S. 1987. *Food 2000: Global Policies for Sustainable Agriculture, report to the World Commission on Environment and Development.* Zed Press: London.

Swift, J. 1989. "Why Are Rural People Vulnerable to Famine?" *IDS Bulletin* 20,2:8-15.

Tacoli, C. 1998. *Rural-Urban Linkages and Sustainable Rural Livelihoods.* DFID Natural Resources Department: London.

Tiffen, M., M. Mortimore and F. Gichuki. 1994. *More People, Less Erosion. Environmental Recovery in Kenya.* Chichester: John Wiley.

Toye, J. 1995. "The New Institutional Economics and Its Implications for Development Theory." In J. Harriss, J. Hunter and C.M. Lewis (eds.), *The New Institutional Economics and Third World Development.* London: Routledge.

van der Ploeg, J.D., and Y. Jingzhong. 2010. "Multiple Job Holding in Rural Villages and the Chinese Road to Development." *The Journal of Peasant Studies* 37,3: 513-30.

van Dijk, T. 2011. "Livelihoods, Capitals and Livelihood Trajectories a More Sociological Conceptualisation." *Progress in Development Studies* 11,2: 101-17.

Vermeulen, S., and L. Cotula. 2010. *Making the Most of Agricultural Investment: A Survey of Business Models that Provide Opportunities for Smallholders*. London: International Institute for Environment and Development.

Vidal de la Blache, P. 1911. "Les genres de vie dans la géographie humaine." *Annales de Géographie,* 20: 193-212.

von Benda-Beckmann. 1995. "Anthropological Approaches to Property Law and Economics." *European Journal of Law and Economics* 2,2.

Wade, R. 1996. "Japan, the World Bank, and the Art of Paradigm Maintenance: The East Asian Miracle in Political Perspective." *New Left Review* 37,3: 3-36.

Walker, B., and D. Salt. 2006. *Resilience Thinking. Sustaining Ecosystems and People in a Changing World.* Washington, DC: Island Press.

Walker, T., and J. Ryan. 1990. *Village and Household Economies in India's Semi Arid Tropics*. Baltimore: Johns Hopkins University Press.

Warner, K. 2000. *Forestry and Sustainable Livelihoods*. Rome: UN Food and Agricultural Organization.

Warren A., S. Batterbury and H. Osbahr. 2001. "Soil Erosion in the West African Sahel: A Review and an Application of a 'Local Political Ecology' Approach in South West Niger." *Global Environmental Change* 11,1: 79-96.

Watts, M. 1983. *Silent Violence: Food, Famine and Peasantry in Northern Nigeria*. Berkeley: University of California Press.

____. 2012. "Class Dynamics of Agrarian Change." *Journal of Peasant Studies* 39,1: 199-204.

WCED. 1987. *Our Common Future. The Report of the World Commission on Environment and Development*. Oxford: Oxford University Press.

Werbner, R.P. 1984. "The Manchester School in South-central Africa." *Annual Review of Anthropology*, 13: 157-85.

White, B., S.M. Borras Jr, R. Hall, I. Scoones and W. Wolford. 2012. "The New Enclosures: Critical Perspectives on Corporate Land Deals." *Journal of Peasant Studies* 39,3-4: 619-47.

White, H. 2002. "Combining Quantitative and Qualitative Approaches in Poverty Analysis." *World Development* 30,3: 511-22.

White, S., and M. Ellison. 2007. "Wellbeing, Livelihoods and Resources in Social Practice." In I. Gough and J.A McGregor (eds.) *Wellbeing in Developing Countries: New Approaches and Research Strategies*. Cambridge: Cambridge University Press.

White, S. C. 2010. "Analysing wellbeing: a framework for development practice." *Development in Practice* 20,2: 158-172.

Whitehead, A. 2002. "Tracking Livelihood Change: Theoretical, Methodological and Empirical Perspectives from North-East Ghana." *Journal of Southern African Studies* 28,3: 575-598.

____. 2006. "Persistent Poverty in North East Ghana." *Journal of Development Studies* 42,2: 278-300.

Wiggins, S. 2000. "Interpreting Changes from the 1970s to the 1990s in African Agriculture through Village Studies." *World Development* 22,4: 631-62.

Wilkinson, R., and K. Pickett. 2010. *The Spirit Level: Why Equality Is Better for Everyone*. London:

Penguin.

Williamson, O.E. 2000. "The New Institutional Economics: Taking Stock, Looking Ahead." *Journal of Economic Literature* 38,3: 595-613.

Wilshusen, P.R. 2014. "Capitalizing Conservation/Development: Misrecognition and the Erasure of Power." In B. Büscher, R. Fletcher and W. Dressler (eds.), *Nature™ Inc? Questioning the Market Panacea in Environmental Policy and Conservation*. Tucson: University of Arizona Press.

Wisner, B. 1988. *Power and Need in Africa: Basic Human Needs and Development Policies*. London: Earthscan.

Wolford, W., S.M. Borras, R. Hall, I. Scoones and B. White. 2013. "Governing Global Land Deals: The Role of the State in the Rush for Land." *Development and Change* 44,2: 189-210.

Zimmerer, K.S. 1994. "Human Geography and the 'New Ecology': The Prospect and Promise of Integration." *Annals of the Association of American Geographers* 84,1: 108-25.

Zimmerer, K. H. and T.J. Bassett. 2003. *Political Ecology: An Integrative Approach to Geography and Environment Development Studies*. New York: Guilford Press.

［監修］
ICAS（Initiatives in Critical Agrarian Studies）日本語シリーズ監修チーム
池上甲一（近畿大学名誉教授）
久野秀二（京都大学大学院経済学研究科教授）
舩田クラーセンさやか（明治学院大学国際平和研究所研究員）
西川芳昭（龍谷大学経済学部教授）
小林　舞（総合地球環境学研究所研究員）

［監訳者］
西川芳昭（にしかわ・よしあき）
龍谷大学教授　経済学部（農業・資源経済論）　大学院経済学研究科（民際学）
京都大学農学部農林生物学科卒業、バーミンガム大学大学院生物学研究科および公共政策研究科修了、博士（農学）。
国際協力事業団（現国際協力機構）、農林水産省、名古屋大学大学院教授等を経て現職。
主著に『作物遺伝資源の農民参加型管理』（農山漁村文化協会、2004年）、『種子が消えればあなたも消える』（コモンズ、2017年）、編著に『地域振興——制度構築の多様性と課題』（吉田栄一と共編、アジア経済研究所、2009年）、“Farmer Research Groups : Institutionalizing participatory agricultural research in Ethiopia”（Dawit Alemu・白鳥清志・瀬尾拓と共編、Practical Action Pub、2016年）など。

［訳者］
西川小百合（にしかわ・さゆり）
フリー翻訳者・英語教材作成／講師
京都大学文学部卒業、九州大学大学院文学研究科博士課程単位取得満期退学（哲学・哲学史専攻）、文学修士。
福岡県立久留米高校講師等を経て現在に至る。
翻訳にドナルド・カーティス著『政府を越えて』（国際農林業協力協会、1999年）など。

［著者］
イアン・スクーンズ（Ian Scoones）
サセックス大学の英国経済社会研究会議、持続可能性を実現する社会・技術・環境的道筋研究センター（ESRC STEPS [Social, Technological and Environmental Pathways to Sustainability] Centre）の共同センター長。
農業生態学を学んだ後、その研究内容を自然および社会科学の学際分野にひろげ、科学と技術、地元の知識、人びとの暮らし方の視点から、国際的な農業・環境・開発課題の政治と政策決定・実施過程の研究を、ジンバブエを中心にグローバルに行っている。ロンドンの国際環境開発研究所のフェローでもある。
著書に *Debating Zimbabwe's Land Reform*（Create Space Publishing, 2013）など。

グローバル時代の食と農 1
持続可能な暮らしと農村開発
——アプローチの展開と新たな挑戦

2018年11月20日　初版第1刷発行

監　修　ICAS日本語シリーズ監修チーム
著　者　イアン・スクーンズ
監訳者　西　川　芳　昭
訳　者　西　川　小百合
発行者　大　江　道　雅
発行所　株式会社 明石書店
〒101-0021東京都千代田区外神田6-9-5
電　話　03 (5818) 1171
F A X　03 (5818) 1174
振　替　00100-7-24505
http://www.akashi.co.jp
組版／装丁　明石書店デザイン室
印刷／製本　日経印刷株式会社

（定価はカバーに表示してあります）　ISBN 978-4-7503-4744-8

ビッグヒストリー

われわれはどこから来て、どこへ行くのか

宇宙開闢から138億年の「人間」史

デヴィッド・クリスチャン、シンシア・ストークス・ブラウン、
クレイグ・ベンジャミン［著］
長沼毅［日本語版監修］
石井克弥、竹田純子、中川泉［訳］

◎A4判変型／並製／424頁　◎3,700円

最新の科学の成果に基づいて138億年前のビッグバンから未来にわたる長大な時間の中に「人間」の歴史を位置づけ、それを複雑さが増大する「8つのスレッショルド（大跳躍）」という視点を軸に読み解いていく。
「文理融合」の全く新しい歴史書！

《内容構成》

序章　ビッグヒストリーの概要と学び方
第1章　第1・第2・第3スレッショルド：宇宙、恒星、新たな化学元素
第2章　第4スレッショルド：太陽、太陽系、地球の誕生
第3章　第5スレッショルド：生命の誕生
第4章　第6スレッショルド：ホミニン、人間、旧石器時代
第5章　第7スレッショルド：農業の起源と初期農耕時代
第6章　小スレッショルドを経て：都市、国家、農耕文明の出現
第7章　パート1　農耕文明時代のアフロユーラシア
第8章　パート2　農耕文明時代のアフロユーラシア
第9章　パート3　農耕文明時代のその他のワールドゾーン
第10章　スレッショルド直前：近代革命に向けて
第11章　第8のスレッショルドに歩み入る：モダニティ（現代性）へのブレークスルー
第12章　アントロポシーン：グローバリゼーション、成長と持続可能性
第13章　さらなるスレッショルド？：未来のヒストリー
「ビッグヒストリー」を味わい尽す［長沼毅］

〈価格は本体価格です〉

開発社会学を学ぶための60冊

援助と発展を根本から考えよう

佐藤寛、浜本篤史、佐野麻由子、滝村卓司 編著

■A5判／並製／248頁　◎2800円

開発社会学の基礎的文献60冊を紹介するブックガイド。8つのテーマに分けて文献を選び、基礎的な知識、ものの見方を紹介する。各書籍には関連文献などを挙げ、さらに学びたい人にも役立つ構成。学生から開発業界に携わる実務者まで幅広く使える、必携の「開発社会学」案内。

●内容構成●

はじめに——開発社会学の世界へようこそ！
第Ⅰ章　進化・発展・近代化をめぐる社会学
第Ⅱ章　途上国の開発と援助論
第Ⅲ章　援助行為の本質の捉え直し
第Ⅳ章　押し寄せる力と押しとどめる力
第Ⅴ章　都市・農村の貧困の把握
第Ⅵ章　差別や社会的排除を生み出すマクロ－ミクロな社会構造
第Ⅶ章　人々の福祉向上のための開発実践
第Ⅷ章　目にみえない資源の活用

開発政治学を学ぶための61冊

開発途上国のガバナンス理解のために

木村宏恒 監修　稲田十一、小山田英治、金丸裕志、杉浦功一 編著

■A5判／並製／296頁　◎2800円

いまや「良い統治」をどう実現するかは開発の焦点であり、開発の世界で焦点となったガバナンス（統治）を、政治学的に位置づけたものが開発政治学である。開発は国づくりであり、国をつくるのは政治であるという「開発の基本」を、政治学の各分野と関連する61冊の本の紹介を通じて理解する新たな視点の概説書。

●内容構成●

はじめに——国際開発学と開発政治学
第Ⅰ部　現代世界と途上国開発
第Ⅱ部　途上国開発における国家の役割
第Ⅲ部　開発のための国家運営
第Ⅳ部　開発を取り巻く政治過程
第Ⅴ部　開発への国際関与

〈価格は本体価格です〉